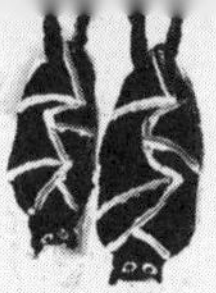

伊勢武史

Ise Takeshi

生物進化とはなにか？

進化が生んだイビツな僕ら

ベレ出版

まえがき

「生きものっていったい、なんだろう?」。こういう本質的な疑問に、読者のみなさんが自分自身で答えるためのヒントとして、この本を書きました。生物進化が理解できると、なぜ生物にはいろんなかたちが存在するのか、なぜある種の生物は一見風変わりな習性をもっているのかなど、生物についての多くの答えが見つかります。それだけじゃなく、生命の本質とか、人間の生きる意味とか、哲学的でとても深いことにつながっているのが、進化生物学という学問なのです。

現代人である僕たちは、生物進化をある程度は理解しているつもりでいます。「生物の進化ってなんですか?」。街ゆく人たちに聞いてみたらどんな答えが返ってくるかな?とても興味があります。もしかしたら、「サルから人間が生まれた、ってやつのことでしょ?」「下等な生物が、しだいに高等になっていくことかな」なんて答えが返ってくるかもしれません。よくあるこういう説明には、実はけっこう深刻な誤解がふくまれています。わかっているようでわかっていない、それが生物進化です。この本では、ちまたでよく見られる進化に関する誤解を積極的に取り上げ、科学的に誤解を正しつつ、最新の知識を学べるようにしています。

進化生物学は、とても生々しい学問です。なぜなら、進化が起こっているのは、遠いむかしだけじゃないからです。現代に生きる生物は、みな進化の結果として生まれたものであり、そしていまも、進化の途上にあります。ある生物は急激な進化の、別の生物は観測できないほどゆるやかな進化の途上に。さらに、人間も生物だから、現代人である僕らのからだやこころも、進化の産物といえます。

人間も進化の産物、ということは、「人間はなんのために存在するの？」「人生の目的はなんなの？」「好きな人に振り向いてもらうには？」といった、これまでは哲学や宗教、あるいは週刊誌の人生相談の守備範囲であったこういう疑問や、古代中国の思想家たちが提起した、人間をつき動かすのは「性善説」なのか、それとも「性悪説」なのかという問題など、生物進化の理論にもとづいて人間の行動やこころを考察することで、これまであいまいだった、僕らの素朴で重大な、人間に関する疑問についての科学的な答えがでてくるかも、なんて思っています。そう、満員電車にゆられる僕ら現代人が抱える悩みにも、進化生物学はヒントを与えてくれるのです。

生物とはなにか――これに対する進化生物学の答えは、客観的で理論的で、とても明快なものです。その一方で、進化生物学の考え方は、ときに残酷なものにもなります。人間は「自分に都合のよいことを信じたい」と考えがちですが、それは客観的な科学とは別問題。科学的な真実を学んで、それをどのように消化し、生きもののことや人間のこと、自分のことを理解するか。それは、読者ひとりひとりにゆだねられています。

この本では、「進化の結果生まれたおもしろい動物たち」みたいな話題はあまり取り上げません。めずらしい動物が好きなら、そういうのをあつかった本はたくさんありますよね。むしろこの本では、「わりとありふれた生きものたちの、ありふれた特徴」にスポットライトを当てます。そうやって生物の普遍的な特徴を解き明かしていくのが目標です。そしてもちろん、僕たちにとってもっとも身近な存在、つまり自分自身である人間の進化についても熱く語っていきます。いま生きている僕たち、特に現代の日本など先進国に生きる人々を念頭に置いて、生物進化とはなにかを考えてみたいと思います。

いろんな生物について語っているときでも、僕はあたまのなかで、人間のことを考えています。少しかっこよくいうと、生物とは僕にとって、人間のメタファー（隠喩）です。生物のことを知ると、人間のことがわかってくる。「人のふり見てわがふり直せ」的に、ほかの生物から学ぶことも多いのです。僕たち人間が日々かかえる問題の根源を知るヒントとしても生物進化が役に立つことを、読者のみなさんにも知っていただきたいと思っています。

生物進化は「生物をよりよいものに高めていく」というのは幻想です。進化は、巨大なからだをもつ恐竜や、巨大な脳と高度な文明をもつ人間など、「イビツ」なものをつくりだします。そういったイビツな特徴には「副作用」があるのが常で、そのために恐竜は絶滅したり、現代に生きる人間には悩みが多かったりするのです。

この本を通して読者のみなさんが生物進化に興味をもち、いままでとは少し違った視点から、身のまわりの生物のこと、遠いむかしの生きもののこと、そして自分たち人間のことを考えるきっかけになれば、僕にとって最高の幸せです。そのために、ふだん使う言葉でできるだけ説明するようこころがけました。さあ、生物進化の世界に、一緒にはまってみましょう。

目次　生物進化とはなにか？ ―― 進化が生んだイビツな僕ら

第3章 生物進化、わかっている？ わかっていない？

第4章 ダーウィンと生物進化の科学史

第5章 ドーキンスの「利己的な遺伝子」──僕ら生きもののはかない立場

第6章 クジャクの尾羽はなぜ長い？──性淘汰と、ランナウェイ(暴走)進化の袋小路

第7章 生命ってなに？ なんのために存在する？——哲学・宗教と生物進化

第8章 おかしくも愛おしい人間のこころ——進化心理学

本文中のURLは2016年11月現在のものです。

第１章 生物進化ってなんだろう？

生物の進化――これは科学好きの人たちのロマンを駆り立てます。38億年前の生命の誕生。カンブリア紀に起きた生物の爆発的な多様化。恐竜の繁栄と滅亡、ほ乳類の台頭……。悠久の時の流れとともに、生きもののドラマが感じられるお話ですね。

しかし**生物進化**は、ロマンだけの科学ではありません。過去のめずらしい生物のことを語るだけの学問ではなく、実は、生々しいほど現代の生物、そして現代人のこころや暮らしに直結した科学なのです。[1] 生物進化は、太古の恐竜やマンモスなど遠いむかしの壮大なロマンであると同時に、現代人である僕らの生々しい悩みもあつかったりする、特別な学問です。

1　ちなみに、宇宙科学にも壮大なロマンがありますが、僕らの日常生活にはそれほど生々しい影響はありませんよね。こういう高尚な学問が好きな方も多いことでしょう。

その一方で生物進化について、世間では誤解が蔓延しているという現状もあります。生物進化ってなんなのか、現代に生きる僕たちにどのような意味をもつのかについて学ぶため、まずはこの章で言葉の定義を考えましょう。

進化をはっきり定義しよう

進化の定義とはなんでしょうか。いきなり堅苦しいことを言い出してすみません。この本はできるだけカジュアルに書こうと思っていますが、それでもあえて、最初に定義のことをいわねばなりません。進化という言葉は学術用語であるだけでなく、日常会話にも使われるありふれた言葉です。こういう言葉をあやふやなまま使ってしまうと、先入観のせいで誤解を招いてしまう可能性があるのです。生物学者をやっていると、僕もいろんな人と出会い話す機会がありますが、そのなかでコミュニケーションの妨げになっているなあとよく感じるのは、言葉の定義の違いです。というわけで最初に、この本丸々一冊に共通する言葉の定義をしておきましょう。

きわめてシンプルに定義するならば、進化とは「ある生物のグループのなんらかの特徴が、世代が進むにつれて変化していくこと」といえるでしょう。つまりは、生物の特徴がだんだん変化していくことが進化です。たとえば、人類が誕生してだんだん脳が大きくなってきたのも進化ですね。キリンの首がだんだん長くなってきたのも、ゾウの鼻が長くなってきたのも進化……。僕たちが常識として知っている進化の例は、この定義に当てはまることがわかりますね。

しかし、この表現にはちょっとあいまいなところがあるので、もう少しはっきりした定義づけをしてみたいと思います。専門用語を使って厳密にいうと、進化とは「ある生物の**個体群**において、世代が進むにつれて、**遺伝形質**が変化していくこと」となります。堅苦しくなってしまいました。ごめんなさい。あえて専門用語を使う利点は、日常会話の日本語にひそむ解釈のあいまいさを排除することにあります。この本は、できるだけ日常の言葉を使って書いていきますが、どうしようもないときだけ専門用語を使います。それでは、この定義に出てきたふたつの専門用語を解説していきますね。

個体と個体群。僕たちは人間を数えるとき、ふつう「1人・2人・3人……」というふうに、「人」という単位で数えますね。人間以外の生物を数えるときはどうでしょうか。カエルなら「1匹・2匹……」、シマウマなら「1頭・2頭……」というふうに数えるのがふつうですよね。[2]アヒルなら「1羽・2羽……」です。植物を数えるときはどうでしょうか。樹木なら「1本・2本……」ですよね。このように日本人は、生物を多くの単位を使ってカウントします。しかしこれでは、「バクテリアはなんて数えたらいいの？」なんて疑問が出てきたときに困ってしまいます。これまでの常識では想像もつかなかったような新種が世界中でどんどん発見されている世の中ですから、生物を数えるときには「個体」という言葉を使うことにしましょう。これならば、どんな種類の生物にも使うことができますね。というわけで、シマウマが1頭いたら、「シマウマ1個体」といいます。シマウマが群れになっていたら、「シマウマの個体群」ということにしましょう。

次に**遺伝形質**。生物のもつ特徴のことを「形質」といいます。形質には遺伝するものと遺伝しないものがあります。たとえば、生まれついての髪の毛の色は遺伝しますが、地毛が黒い人が髪を金色に染めても、その色は遺伝しませんね。遺伝する形質のことを、「遺伝形質」といいます。生まれつきの髪の毛の色は遺伝形質ですね。一方、染めた髪の色のように後天的な形質のことを、「**獲得形質**」といいます。進化生物学では、単に「形質」というと、遺伝形質を指すのがふつうです。この本でもこのルールにならうことにしましょう。

遺伝子とDNA

進化が生じるには、親から子へ、形質が遺伝する必要があります。その形質は、それをつくりだすための情報、つまり「設計図」である「**遺伝子**」として子孫へ受け渡されていきます。遺伝子という情報は、DNAという物質のならび方によって記録されています。ここで注意すべきなのは、遺伝子とDNAは同じものではないということです。遺伝子は情報（**ソフトウェア**）で、DNAはその情報を記録するための媒体（**ハードウェア**）なのです。文学作品でたとえるならば、万葉集の和歌は情報（ソフトウェア）ですが、それを記録するために用いられてきた紙や墨という物体がハードウェアなのです。ハードウェアは、年月が経つとだんだん傷んできて、やがてこわれたり破れたりしてなくなってしまいますね。奈良時代に書かれた万葉集のオリジナル（「木簡」という木片に書き記されていた？）は失われてしまっていることでしょう。しかし、なかに書かれていた和歌という情報は、くり返しだれかが写本（コピー）をすることで、今日まで

2　動物のサイズが大きくなると、「頭」という単位をふつうは使います。しかし生物学の専門家は、動物の大きさにかかわらず、たとえネズミでも「頭」と数えたりします。

伝えられています。気をつけてコピーしていけば、たとえオリジナルのハードウェアが失われても、ソフトウェアは保存され続けるのです。僕ら生物の祖先のからだのなかにあったDNAという物質は、とっくのむかしにこわれてなくなっています。しかし、DNAに書かれていた遺伝子という情報は、連綿とコピーされ、僕らに受け渡されているのです。もちろん、万葉集の写本では、たまに誤記が生じることもあるでしょう。遺伝子のコピーでもエラーが発生することがあり、それは突然変異とよばれます。

日常生活と生物進化

生物進化というと、何億年も前に生きていた恐竜とか、三葉虫とか、アンモナイトとかをイメージする人も多いかもしれません。もちろんこれらの生物も、進化の結果として生まれたわけですから、みなさんのイメージは間違っているわけではありません。しかしそもそも、すべての生物は進化の結果として存在しているわけですから、大むかしの生物だけが進化に関係しているわけではないのです。ちなみに、大むかしの生物のことを研究する学問を、**古生物学**（paleontology）といいます。古生物学の研究に生物進化の概念は必須ですが、生物進化の概念を使うのは、古生物学にかぎりません。現代の生物学には、ほとんどすべての分野で進化がかかわってくるのです。

たとえば、僕たちが日常生活でお世話になっている医学や薬学はどうでしょうか。これらも生物学の一種です。体調がわるいときお医者さんに処方してもらう薬には、いくつかのタイプがあります。かぜ薬のようにつらい症状をやわらげるためのもの。ビタミン剤のように体調を整えるもの。これらのタイプの薬は、具合のわるいときに飲めばいいし、具合がよくなると飲むのをやめてよいものです。ところが、別のタイプの薬があります。抗生物質のように、病原体である微生物を弱らせて殺すもの。このタイプの薬は、途中で飲むのをやめてはいけません。具合がよくなったから、薬にあまり頼りたくないから、なんて理由で処方してもらった薬を飲むのをやめたら、とんでもないことが起こるかもしれないのです。

抗生物質は、ターゲットとなる微生物を弱らせて、最終的に根絶することを目標に処方されます。ところが、抗生物質を途中で飲むのをやめてしまうと、その微生物は体内で絶滅しきらないかもしれません。微生物にも多様性があるので、比較的抗生物質に強い形質をもった個体群が、弱りながらもしぶとく生きているかもしれません。さらに薬を飲み続ければ彼らも死に絶えるのですが、中途半端に薬をやめてしまうと、しぶとい微生物が元気を取り戻して増殖する。また薬を飲みはじめても途中でやめれば、また微生物が増殖する。おそろしいことに、これをくり返していけば、だんだんその微生物は、抗生物質に対する耐性を高めていき、もはやどんなに薬を飲んでも殺すことができなくなります。そしてそれは、服薬をさぼったその人だけの問題ではなくなります。その病原菌はまわりの人たちに伝染していき、薬の効かない病気が社会に蔓延していく……。こういうシナリオは、すでに現実のものとなっています。薬を処方されたときは、その種類をよく確認しておき、勝手に飲むのをやめたりしないように注意しておきたいものですね。

微生物でも、個体ごとに個性がある。薬を飲む前はマイナーな存在だった耐性をもつタイプが、薬にさらされたのをきっかけに、その**割合を増やしていく**。これはまさに進化です。そして、環境[3]に適した個体群が生き残り、増殖していきます。このように、彼らには進化する能力があり、日々その能力をフル活用して僕たちにアタックしているのです。微生物の世代交代のスピードはきわめて早いため、僕たちが薬を飲んだりやめたりする数日間のうちに、体内で進化していくわけです。このように進化とは、実は僕たちにとってすごく身近なものなのです。

3 「人間の体内で抗生物質にさらされている」というのも、微生物にとっての生存環境ですね。

第2章 進化の原動力、自然淘汰を理解しよう

この章のテーマは**自然淘汰**です。[1] 淘汰――これは適者生存の法則です。僕たちの身のまわりでも、淘汰は日常的に起こっています。たとえば、おいしいラーメン屋さんは生き残り、支店を増やしていく。一方、ライバルよりもおいしくないお店は淘汰され、やがて閉店していきますよね。こんなふうに、資本主義経済には自由競争があり、「より優れたもの[2]」が勝ち残る、生き残るようになっています。

自然界の生きものも、ラーメン屋さんと同じようなたたかいをくり広げています。環

1　多くの専門家は、「自然淘汰」より「自然選択」と表現します。しかしこの本では、意味をよりイメージしやすいだろうと考えて、自然淘汰と書くことにします。英語でいえば natural selection。たしかに直訳すると自然選択ですね。

2　どういう基準で「優れたもの」は決まるのでしょうか？　ラーメン屋さんなら安くておいしいという基準かもしれませんね。生物進化ではどんな基準になるのか、それはこの本全体で考えていく壮大なテーマです。

境にフィットしたものが生き残り、子孫を残す。これが自然淘汰です。自然淘汰を生き残った個体は、自分のもつ遺伝形質を子どもに伝えていく。こうして、環境に適応する形質が受け継がれていきます。一方、環境に適応しない形質は、それをもつ個体の数を減らしていくため、やがてその形質は存在しなくなっていきます。

ここでいう「**環境**」とはなんでしょうか。環境とは、その生物が生きている周囲の状況すべてを表すと考えてください。そうすると当然、気温や雨の量・標高や日当たりなどの物理的（非生物的）な環境の条件もありますね。これに加えて、生物的な環境も重要な条件です。エサとなるほかの生物がどれだけいるか、あるいは自分を食べようとする天敵が存在するか、さらには自分と同じ資源（エサとかねぐらとか）をめぐって競争するライバルがいるか……。いろんな要素を挙げるときりがありませんが、とにかく、その生物の生活に影響を与えるすべてのもの、それが環境だとイメージしてみてください。

環境に適応した個体が生き残ります。しかし、生き残るだけではいけません。首尾よく子孫を残すことも必要です。自然淘汰では、**生存と繁殖の総合力**が問われます。生存能力が高くても、子孫をしっかり残せない生物は繁栄できません。ここで、首尾よく残す子孫の数を「**適応度**（fitness）」といいます。[3] 結局のところ、適応度を高める形質が自然淘汰で選ばれるわけですね。

適応度は生存と繁殖の総合力を表しています。単に子どもをたくさんつくればつくるほど適応度が高まるわけではありません。たとえば、マンボウという魚はいちどに数億個もの小さい卵を産みますが、ほとんどはほかの魚に食べられたりして、成魚になれるのはほんの一握りです。逆に人間では、現代の先進国の夫婦が生涯にもつ子どもの数はたいてい2、3人以下ですが、大多数の子どもは、大人になるまで生き残っています。このように、子どもの数が多いからといって自然淘汰で優位に立つとは一概にいえません。子どもの世代だけじゃなく、孫の世代、ひ孫の世代まで末永く繁栄するようなものこそが、高い適応度をもっているといえるのです。マンボウのようにたくさんの子どもをつくって、あとはほったらかしにするか、人間のように少数の子どもをつくってしっかり世話をするか、これは生物の「戦略」の話になります。またあとで詳しくお話ししますね。

3　または、繁殖成功度（reproductive success）ともいいます。

さて、ここで考えているとおり、自然淘汰はとてもドライなルールなのですが、自然淘汰が起こるためには、一般にあまり知られていない、さらに冷酷な条件が必要です。自然淘汰が成り立つための必須条件として、生物はかならず、生き残れる数以上の子どもをつくらなくてはなりません。たとえば、ゾウは子どもを多く生む生物ではありませんが、それでも、生まれた子どもがすべて大人になり、そしてその子どもの世代が生む孫の世代もすべて大人になり寿命をまっとうし……、というふうに世代を重ねていくと、千年もしないうちに、地球はゾウで埋め尽くされてしまいます。なのになぜ、いまゾウの数はそこまで多くないのでしょうか。その答えは、生存と繁殖に成功する個体は一握りであり、**多くの個体は若死にする**か、子孫を満足に残せずに死ぬということです。生物が、生き残れる以上の数の子どもをつくること。自然淘汰による進化が起こるにはこれが必要であることをはっきり示したのはダーウィンでした。

ダーウィンの時代に、生物進化についてほかのメカニズムを唱えた人がいました。**ラマルク**という人です。ラマルクは、意識・無意識を問わず、生物の個体が生存期間中に獲得した形質が次世代に遺伝していき、これによって生物は進化する、という説を唱えました。しかし、事実は違うのです（第4章でさらに詳しく学びます）。

淘汰圧

自然淘汰の強さの度合いを表すときに、**淘汰圧**（selective pressure または evolutionary pressure）という言葉を使います。形質による適応度の違いが大きいとき、淘汰圧は高くなります。たとえば、環境が悪化して多くの個体が子孫を残さずに死に絶え、適応度の高いごく一部の個体だけが子孫を残して繁栄するような状況では、淘汰圧は高くなります。

淘汰圧が高いとき、進化は猛スピードで進みます。適応度は形質によって大きく異なるので、高い適応度を生む形質が自然淘汰で選ばれていき、適応度を下げる形質は急速に失われていきます。逆に、淘汰圧が低い状況では、形質が違ってもそれほど適応度に差が見られません。よって、世代を経ても形質の変化はあまり見られません。

たとえば、自然界でもわりとよく見られる突然変異で、**アルビノ化**という現象があります。これは、生物の色素が失われてからだが白っぽくなる現象です。自然界の生物は、からだの色素を使ってなんらかの効果を生んでいることが多くあります。たとえばカメレオンのように、うまく色素を使うことでカモフラージュする種もたくさん存在します。

図 2-1　大西洋の火山島、カナリア諸島には大規模な洞くつがあり、そこには学名を *Munidopsis polymorpha* というエビのなかまが暮らしている。一生を洞くつのなかで暮らす彼らはアルビノ化している。
By Martyn M aka Martyx - Own work, CC BY-SA 3.0, https://commons.wikimedia.org/w/index.php?curid=10600191

ところが、アルビノ化してしまった個体はカモフラージュが苦手ですから、敵にすぐに見つかってしまいます。だから狩りの獲物に逃げられたり、天敵につかまったりします。このように、アルビノ化は適応度を下げる形質なので、自然界での淘汰圧は高く、首尾よく子孫を残すことはまれです。

　一方、アルビノ化が有利な状況もあります。たとえばそれは、洞窟のなかなどまっ暗な場所。こういう場所では色素を使ったカモフラージュの意味はありませんから、色素をつくるエネルギーをほかにまわしたほうが、適応度を上げられるのです。というわけで、洞窟のなかで生きる動物たちには、アルビノ化したものが多く存在しています（図２－１）。日光のあたる場所と洞窟のなかでは、違う方向の淘汰圧がはたらいているということですね。

ある形質についての淘汰圧が低い状況では、簡単にいってしまえば、その形質は「どうでもいい」のです。たとえば人間には、耳あかが乾いている人と湿っている人がいます。これは遺伝的に、生まれたときから決まっている形質です。しかしこの形質は、ぶっちゃけ、どちらだとしても適応度にはほとんど関係ありませんから、淘汰圧はきわめて弱く、どちらのタイプの人間も存在し続けているのです。

自然淘汰は熾烈

身近にある自然淘汰の例として、森の樹木を考えてみましょう。樹木というのは、国家予算の大半を軍事費に費やしている軍事国家のようなものです。たたかいといっても、それは、直接的に相手を攻撃するような戦争ではありませんが、たしかに樹木は、静かに厳粛なたたかいをしているのです。樹木がたたかっているのは、自然淘汰を勝ち抜くためです。え、平和で穏やかであらそいを好まなさそうな植物が軍事国家なの？　そう思った人は、「そもそも樹木ってなに？」ってことを考えてみてください。樹木の特徴、それは背が高いこと。高く、太く、しっかりした幹の上のほうに、葉っぱがついています。幹の下部は地面に続いていて、それは根となっています。こういうのが樹木ですね。葉っぱの役目は光合成。根の役目は水や養分を吸うこと。それならば、幹の役割ってなんでしょう？　師管や道管が走っていて、水や光合成でできた糖分を運んだりするんだと学校で習いました。でも、ほんとうに幹って必要なの？　道端の小さな雑草のからだは、ほとんどが葉っぱと根っこ。幹にあたる部分はほんの少ししかありません。それでも雑草は、ちゃんと生きています。幹はなんのために存在しているのでしょうか。

学校の教科書では教えてくれなかったその答え。樹木の幹は、**熾烈な競争のための武器**なのです。幹を高く伸ばすことによって、その木は、となりの木よりも背を高くし、日光という大切な資源を奪おうとします。この競争に負けた樹木は死んでしまいます。死なないためには、高く成長しなければならない。しかし、あまり幹に投資すると、生存に必要な葉っぱや根っこをつくることができずに、死んでしまう。あるいは樹高が高すぎると、台風が来たときに倒れてしまうかもしれない。こういうことを複合的に勘案して、ぎりぎりバランスのとれるところで、樹木の高さは決まっているのです。こういうのを、**トレードオフ**（trade-off）といいます。

森を散歩すると、その雰囲気にいやされますよね。しかし森の木々は、生死をかけたぎりぎりのたたかいをしているんですよ。樹木の「体重」のほとんどは幹の重さ。国家予算の大部分を軍事費に費やす軍事国家にたとえたのは、これが理由です。直接相手を攻撃しないけど、自分の背を高くすることで相手を圧迫するというのが彼らのたたかい方です。進化生物学について学ぶと、自然を見る目が変わるかもしれません。

コラム　森で想う

森に行くと、よく空を見上げます。特に冬。葉を落とした広葉樹の枝がジグザグに、青空をバックに浮かびあがると、木々の枝が対話しているみたいだって思います（図2－2）。ただし、その対話はフレンドリーな世間話、ってタイプのものではありません。

図 2-2　冬山を散歩して、ふと空を見上げる。葉っぱを落とした広葉樹が、あたかも手や腕のように見えた。彼らはゆっくりとした、しかし熾烈な、空間をめぐるあらそいをしている。

木々はかぎられた資源である日光を奪い合うための、静かで冷静なコミュニケーションをしているのです。

それはまるで、電車に乗り込む乗客の、空席をめぐる静かなたたかいのよう。電車が駅に着きドアが開いたら「よーいどん」で、みんな空席を目指す。無言で冷静に最短距離の効率で、自分の瞬発力とモラルの許すかぎりの、空間をめぐるあらそいです。こういうのもコミュニケーションっていっていいですよね？　森の木々がやっているコミュニケーションはこれなんです。電車に乗り込む僕たちの動くスピードを

１００万分の１くらいのスローモーションにしたら、きっと森の木々の対話のようになると思います。

進化生物学を学ぶと、厳然たる自然の摂理がすべての生物の前に屹立《きつりつ》していることを思い知らされます。それは、「生きものは助け合って生きている」みたいな、素朴な神話を打ち砕きます。もちろん生物同士の「助け合い」が生じるシチュエーションもあるんだけど、それは比較的まれな現象で、それが生じた場合でも、特別な美徳や崇高な目的みたいなものは存在しないのです。

こうやって生物進化を学ぶと、それ以前に抱いていた幻想は軌道修正を余儀なくされるけど、自然を愛し、生物に感動する気持ちはむしろ、前より強くなった気がします。木々の対話は、いまも僕を魅了してやみません。現存する樹木とは、効率を最大限に優先した、進化のタイムスケール上の最新兵器で、無慈悲な戦闘機械だ。そのきびしい美しさは、僕を圧倒します。

自然淘汰の「判断基準」

自然淘汰が熾烈であることはわかりましたね。どのような形質が自然淘汰で有利かを決める「スコア」が適応度でした。さっきと言い方を変えると、適応度とは、ある形質の遺伝子が将来の世代の**遺伝子プール**に受け継がれる度合いです。遺伝子プールとは、個体群のなかに存在するすべての遺伝子のこと。そのなかで特定の形質の割合が高まっていくならば、その形質の適応度は高いことが推察されます。それをもつ個体の生存と繁殖に貢献する形質は適応度が高いといえるからです。

たとえば、キリンがもつ、「首が長い」という形質のことを考えてみましょう。あるとき**突然変異**で、首が長いという遺伝形質が出現しました。その瞬間は、キリンの個体群のなかで「長い首」形質の割合はごくわずかだったのですが、その形質をもった個体の適応度が高かったため、徐々にその割合が増えていきました。やがて、「短い首」形質をもった個体はすべて死に絶えてしまい、「長い首」形質が定着し、すべてのキリンがそれをもつようになったのです。

トレードオフとは

「なにかを得るためには、ほかのなにかを失わなければならない」というコンセプトが**トレードオフ**です。トレードオフは経済学でよく使われる概念ですが、実は生物学でもたいへん重要です。動物の行動でも人間の行動でも、トレードオフがつきまといます。先ほど例に出したマンボウのように、たくさんの子どもを生んで世話をしないという戦略にも、現代の人間のように少数の子どもを生んでしっかり世話するという戦略にも、どちらにも長所・短所があります。どちらかを選べば、もう一方を選べない。

トレードオフは僕たちの日常でも起こっています。お昼ごはんにステーキを食べましょうか？　豪華な食事はからだとこころに活力を与えてくれることでしょう。しかし散財してしまうと財布がさびしくなり、明日以降ひもじい思いをするかもしれませんね。僕たちの日常も、実は選択の連続であり、そこには常にトレードオフが生じているのです。

現代の日本に暮らす僕たちは、日常のちょっとした選択で生存と繁殖の可能性が大きく変わるようなことは幸いあまりありませんが、きびしい環境で暮らしていたむかしの人類には、選択の結果が生存と繁殖の成功確率に直接ひびくことも多かったでしょう。

図 2-3　チーターがこれまで以上に速く走れるようになるためには、なにかを犠牲にしなくてはならないだろう。たとえば、消化器官がコンパクトなチーターは速く走れるかもしれないけど、その反面、食べても食べても繁栄できない！？

獲物を探して放浪の旅をする原始人をイメージしてみてください。彼の前には分かれ道があります。右に行くか左に行くかで、彼が繁栄するか、死んでしまうかが決まるかもしれません。正しい判断ができるという形質は適応度を上げるので、その形質が遺伝子プールのなかの割合を高めていく。こうやって進化は生じるのです。

よく誤解されるのですが、トレードオフは**最適化**（optimization）であって、最大化（maximization）ではありません。生物進化はなにかを際限なく大きくするのではなく、総合的にもっともバランスのよいところにもってくる作用なのです。チーターは時速１００㎞で走れるといわれています。では、なぜ時速１５０㎞じゃないんでしょう？答えはトレードオフです。たしかに、もっと早く走れると、もっとたくさんの獲物が得られるかもしれませんが、その反面、なにかを犠牲にしなくてはなりません（図２−３）。それは消化器官である腸の長さであったりして、からだを軽くするために腸が極端に細く短くなってしまうかもしれません。そうなると、いくら走るのが早くても、生きていくのがたいへんになるでしょう。そういうわけで、総合的には、チーターが生存して繁殖するために、時速１００㎞がトレードオフのバランスのとれるポイントだといえるでしょう。よく考えてみると、こういうトレードオフは、自然界に無数にあります。

戦略とは

なんとかして適応度を上げようとする行動であったり特徴であったりを、**戦略**（strategy）とよびます。どのような戦略が有効なのかは、その生物のおかれた環境におおいに左右されます。たとえば、ある種のミジンコは、**有性生殖**と**無性生殖**を切り替えるという戦略をもっています。このミジンコにとって住み心地のよい環境では、彼らは無性生殖をします。無性生殖とは**クローン**をつくるようなものです。クローン個体同士は一卵性双生児のようによく似ているので、個体間のバリエーションはとても小さくなります。擬人化して考えると、ミジンコが「いま僕にとってベストな環境だから、僕とまったく同じ遺伝子をもったクローンにとってもベストな環境だろう」と考えそうな状況では、クローンをつくるのです。

無性生殖にはさらなる利点があります。オスとメスの役割が必要な有性生殖では、2個体が協力して子どもをつくりますが、無性生殖では、1個体が独立して子どもをつくることができます。いわば、すべての個体が「メスの役割」を果たすようになるので、つくれる子どもの数が増え、個体数は急激に増加します。さらに、無性生殖では求愛とか配偶者選びとかにかける時間と労力も必要ないので、非常に効率がよいのです。

逆に、環境が悪化すると（たとえば、水が適温じゃなくなる・エサが減る・酸素が減る・水が減る・化学物質で汚染される、などなど）、このミジンコの繁殖方法は有性生殖に切り替わります。有性生殖の特徴として、繁殖の効率はわるいけれど、**バリエーションをもった子孫**を残せるということがあります。つまり有性生殖では、いろんなタイプの子どもが生まれるのです。たとえば水温が上がったとき、擬人化されたミジンコは、こんなふうに考えるかもしれません。「いまは僕にとっては暑すぎる環境だ。僕のクローンにとっても暑すぎるだろう。それなら有性生殖で、ランダムにいろんなタイプの子どもをつくってみよう。彼らのうちだれかは偶然、暑い環境を好むように生まれつくかもしれない。そうしたら彼が子孫を残してくれる。僕の血脈は受け継がれるだろう」。こんなふうに、有性生殖はギャンブルみたいなものですが、それが希望の種でもあるのです。

もちろん、ミジンコは文字どおりこういうことを考えているわけではありません。有性生殖と無性生殖を切り替えるには、その違いを理解できる頭脳なんて必要ありません。ただ、環境の刺激によって機械的にふたつの生殖の方法を切り替える特徴を「たまたま」もっていた個体の適応度が高かったので、このような生理的反応が自然淘汰で選ばれただけのことです。もちろん人間にも、同様の生理的反応はあります。たとえば、熱いものに触ると反射的に手を引っ込めますよね。「あ、これは熱い物体だな。このまま触り続けているとやけどするな。やけどすると痛いし、あとあと困るな……」なんてことをあたまで考えてから行動したのでは、ほんとうにやけどしてしまいます。反射的に引っ込めるほうがいいですよね。人間も、ミジンコの生殖と同じように、あたまで考えずに行動することはよくあるわけです。そして、はるかむかしの人間の祖先に存在したバリエーションのなかで、たまたま熱いものに反射するという本能をもったものが生き残り、それが現代まで受け継がれてきたと考えられるのです。

戦略の選択はギャンブルだ

自然淘汰は「確率の問題」。つまりギャンブルみたいなものです。ギャンブルなので、勝つこともあれば負けることもある。それでも、ブラックジャックやポーカー[4]に、確率的にベストな戦略[5]があるのと同様に、生きものも**確率的にベストと思われる戦略**をとるしかないのです。もちろん、トランプゲームでベストな戦略を忠実に実行しても、「負けが込む日」もあることでしょう。それは、このゲームが本質的にランダム性に支配されているからです。[6]

サイコロを投げる賭けがあるとして、A「1が出る」、B「1以外が出る」という選択肢があって、両方とも配当が同じなら、みなさんはどちらに賭けますか? ふつうはBですよね。Bのほうが、Aより5倍も確率が高いからです。でもこの賭け、たまには

Aのほうが勝つこともあります。サイコロの目は偶然によって支配されていますから、こういうリスクをともなうのです。でも、リスクがあるからといって、僕たちは思考停止してはいけません。タイムマシンをもたない僕たちは、未来を見て帰ってくることはできません。そんな僕らでも可能なのは、確率の高いほうを狙っていくことだけです。たとえ負けることが多々あるとしても、長期的にベストな戦略をとるしかないのです。

その一方で、**たまにはヘンなやり方が王道に勝つ**ことも、覚えておきましょう。偶然のめぐり合わせで、不利なはずの個体が生き残ったりすることもある。僕たち人間の人生だってそうです。ふつうに考えたらうまくいくはずのない戦略が、たまに成功します。生物進化はおもしろく、人生もまた奥が深いのです。

4　両方ともトランプゲームで、ラスベガスなどでは合法的にこれらのゲームでギャンブルが行なわれています。

5　確率に関する数学を使えば、ベストな戦略を計算で出すことが可能です。

6　トランプゲームと違い、将棋やチェスには本質的なランダム性はありません（プレーヤーの心理の変化は別にして）。だから、ランダム性をもたないようにプログラムされた将棋のコンピュータソフト同士が対戦すれば、いつでも同じ結果になります。

自然淘汰は「盲目」

進化には高尚な目的なんてありません。**進化は機械的で近視眼的な作用**ですから、短期的な適応度を上げる方向にしか進みません。自然淘汰は長期的なビジョンなんてもっていないのです。このようなわけで、高名な進化生物学者であるドーキンスは、「自然淘汰は盲目」であり、進化は「**盲目の時計職人**」のようだ、と言っています。[7] 進化には長期的なビジョンはないので、「**進化の袋小路**」に入ってしまって、そこから抜け出せずに絶滅した生物は、歴史を見ると枚挙にいとまがありません。恐竜などはよい例です。「大きなからだをもつ」という戦略で一時期は繁栄しましたが、地球環境が変化するとそれに対応できず、絶滅してしまったのです。それでは、この進化の袋小路という概念について、ひとつの例から考えてみることにしましょう。

「目をつぶって山を登る」

目をつぶって山を登る――考えてみただけでも不安になりますが、ここではたとえ

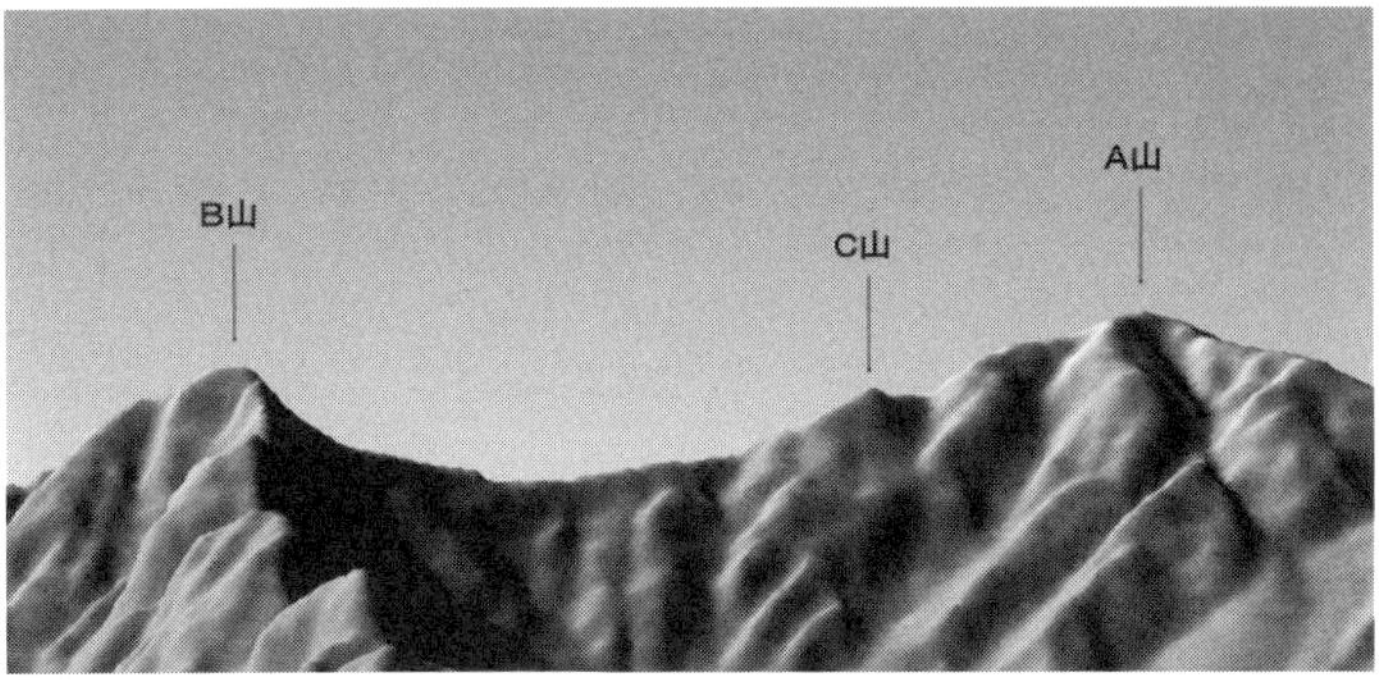

図2-4　ふもとから目をつぶって山に登るとしたら、A・B・Cのどのピークにたどり着くかはわからない。国土地理院の標高データをもとにソフトウェア「カシミール3D」で作図した。

話だと思って聞いてください。目をつぶっていても注意深く一歩一歩をふみ出せば、僕たちは自分が斜面を登っているのか、下っているのかを判別することはできますね。これを連続して行なえば、理屈のうえでは目をつぶっていても山に登ることができます。

では、図2－4のような地形で、目をつぶって山を登ることを考えてみましょう。目を開けてこの地形をながめ、いちばん高いピー

7　クラシカルな機械式時計は、たいへん複雑で精巧にできています。時計職人は、虫メガネを使って細部をしっかり見ながら組み立てていきます。時計職人には、たしかな理性と観察力が必要です。しかし生物進化では、時計よりもはるかに複雑な生物が誕生してきました。自然淘汰のルールは、適応度を高める方向に生物を高度化していきます。しかしそれを担当する遺伝子にも自然淘汰にも、先のことを考える長期的な視点はないのです。

クを目指そう！　と思えば、A山を目指して登っていくことになりますね。ところが、目をつぶっていたらどうでしょうか。たまたま自分がどこからスタートしたか、分岐点でたまたまどちらに進んだかによって、到達するピークが異なることにお気づきでしょう。もしも偶然B山に登ってしまったら？　そこが最高点ではないことは傍観者にはわかりますが、目をつぶっている本人にはわかりません。B山頂にいる人は、どの方向に足を踏み出しても下る以外の選択肢がないのですから、その山頂から動けません。「進化の袋小路から抜け出せない」ということをたとえ話で表現すると、こうなるのです。B山とA山の間には深い谷が横たわっているので、目を開けていないと、「最終的に高い場所に登るために、いったん下る」なんて高度な戦略は立てられないのです。

この図で、標高は適応度を表していると考えたらどうでしょうか。B山に到達した生物群は、かなり高い適応度をもっているので、それなりに繁栄できるのですが、あとから出発した生物群が偶然A山にたどり着いたらどうでしょうか。その場合、A山頂の生物群はB山頂の生物群より適応度が高く、競争したら勝つことになるので、B山頂の生物群は絶滅してしまうでしょう。

一方、偶然C山にたどり着いた生物群はどうでしょうか。ここはあまり高くないですね。でも、C山とA山のあいだの谷間はそれほど深くないので、C山頂からランダムに探索に出かけていると、偶然A山に到達するルートを見つけるかもしれません。こういうラッキーなことが起こる可能性はそれなりにあるでしょう。ちなみにランダムな探索とは、生物進化でいえば、突然変異などでバリエーションが生じることのたとえです。

では、世界でいちばん高い山はどこにあるのでしょう？　あ、エベレストのことをいっているのではありませんよ。比喩的な意味で、「世界でいちばん適応度が高い生物の戦略」のことをいっています。どんな生物にとっても、どんな環境下でもベストな戦略が存在すれば話は単純なのですが、残念なことに、そういうものは存在しません。どんな生き方にもトレードオフがあります。さらに、環境は刻々と変化しているので、なにがベストかなんてなかなか決められないんです。[8] これは、いろんな生物のことを「目を開いて見ている傍観者」である生物学者にとっても、答えることのできない問題なのです。

8　巨大な隕石が地球に衝突したあとでは、恐竜のように大きなからだをもつ戦略は生存に不向きになりましたね。

自然淘汰と形質のバリエーション

この章では自然淘汰のことを考えてきました。それは、生存と繁殖に適さない形質を減ぼしていく役割をもっています。自然淘汰は生物がもつ形質のバリエーションを減らしていきますが、バリエーションを減らすばかりでは、進化はなかなか生じなくなります。形質に特徴をもったもの同士が生存と繁殖をめぐってあらそうことで、適者生存のルールにより進化が起こるからです。よく似たもの同士でたたかっても、自然淘汰は生じませんね。

しかし生物は、**みずからバリエーションを生み出す**メカニズムをもっています。それは**有性生殖**と**突然変異**です。有性生殖は、人間のような生物[9]が子孫を残すときには必ず通らなければいけない道です。

有性生殖とは、オスとメスがお互いの遺伝子をランダムに組み合わせて子孫をつくることですから、このランダム性が、バリエーションを増やす要因になっています（この章のミジンコの例でも出てきましたね）。ちなみに、原始的な生物とされるバクテリアは無性生殖で増殖するのですが、なかには「交接」という行動をとる種類もあります。

交接が起こると、2個体のバクテリアがチューブによって連結され、DNAが交換されます。こうして、有性生殖とよく似た効果が生じるのです。

突然変異は、DNAの「コピーミス」などによって生じる遺伝子の変化です。突然変異は、その生物の親がもっていなかった形質（たとえばアルビノ化）を生み出すことも可能です。その形質がその生物にとってプラスになるかマイナスになるかは、自然淘汰によって明らかになります。このようなメカニズムによって遺伝子にバリエーションが加えられ、自然淘汰で互いに競い合うことになります。

この章のおわりに

自然淘汰というメカニズムによって、たまたま「適応度が高く生まれついた個体」が生き残り繁殖する。生まれつきの形質が環境と合わなかった個体は死ぬ。これは冷酷な

9　「高等生物」という表現もありますが、それはあまり適切ではないので、この本では使いません。なぜ人間を「高等」とよんではいけないか、それは別に、「身分に上下をつけてはいけない」みたいな道徳的な意図ではなく、純粋に生物学的な理由によります。詳しくは第3章で学びます。

ルールであり、偶然のめぐり合わせに左右されています。

ドーキンスは、その著書で「エリートだけが子孫を残せる」といっています。いま僕たちが生きていることも、奇跡といえるかもしれません。ずっと続く子孫を残せるのは、ほんの一握りの個体だけだからです。もし過去のシチュエーションがほんの少し違っていれば、僕の先祖は死んで、ほかの個体が生き残ったかもしれません。そうしたら、僕はいまこうして生きていない。僕の100世代前の先祖はしっかり生き残り、繁殖に成功したエリートで、大人になるまで生きて、やはりエリートの異性と結婚して、その次の99世代前の先祖を生んだ。その人もエリートで、そしてそのまた子どももエリートで……。

こう考えると、これが僕につながるのは奇跡だと思います。僕の直系の先祖はずっと「成功」してきたのだけれど、傍系の親戚は、過去に若死にしたりして子孫を残せず、現代ではその血脈は途絶えていたりすることでしょう。自分が生きていることってすごいなあ。仕事で失敗したときなど、自分の無力さを味わうときもありますが、実はそんな自分でも、祖先のエリートたちの遺伝子を受け継いでいる。ちょっぴりこころ強いような、気恥ずかしいような、不思議な気持ちになるかもしれません。

第3章 生物進化、わかっている？ わかっていない？

「進化」という言葉。学術用語であると同時に、僕たち現代人が日常的に使う一般的な言葉でもあります。新製品が登場して電気製品が進化した？　このように、「進化」はいろんな使い方をされる言葉です。でも、これらの用法は、学術用語から派生したものであり、その逆ではありません。なにが言いたいかというと、日常の用法に引きずられて、進化という学問を誤解しないでほしい、ということです。

第１章で学んだように、進化とは、「ある生物のグループの、なんらかの特徴が、世代が進むにつれて変化していくこと」です。それ以上でも、それ以下でもありません。

この章では、「**よくある誤解**」をケーススタディとして、僕たち日本人の「常識」がサイエンスをゆがめることが多々あるのを学んで、その誤解を正していきましょう。

よくある誤解：生物の新種が生まれるのが進化？

「ある島に代々暮らしている原住民の身長について研究してみた。遺骨の発掘調査にもとづくと、この2千年間で平均身長が伸びていることがわかった」。こんな現象を、あなたはなんといいますか？　これも、進化の一例です。しかし、その原住民たちは、2千年前も現在も、もちろん人間です。別の種になったりしたわけではないのですが、これも立派な進化の一例です。もちろん、生物の新種が生まれることも進化であり、特に「**種分化**（speciation）」とよばれる、進化のサブカテゴリーのひとつです。

新種が生まれることだけが進化である、というのは誤解なのです。生物の歴史を見てみると、種分化はそれほど頻繁に起こってはいませんが、それ以外の生物進化は、日常的に起こっています。日本人の平均身長は最近伸びてきた、みたいな話はよく聞きますよね。もしそれが、日本人という集団の遺伝形質の変化ならば、これも進化なのです。[1]

このように僕たちも、実はなんらかの進化の途上に存在していると考えられます。生命が存続しているかぎり、進化が起こっているのは自然なことなんです。ちなみに、種分化のように強烈な影響をもつ進化のことを**大進化**（macroevolution）、平均身長が少しだけ伸びることのように、比較的小さな進化のことを**小進化**（microevolution）とよんだりします。

よくある誤解：「進化」は「退化」の対義語では？

「進化は常によい方向へ進む」という誤解は、特によく見られます。進化がよい方向へ向かうのであれば、わるい方向へ進むことは「退化」となりますね。このように、日本語の日常会話では、退化は進化の対義語として使われますが、サイエンスでは、退化も進化の一種としてあつかいます。

たとえば、日常会話では、「人間の盲腸は退化した」というような表現をしますが、[2]科学的に書くと、「盲腸のサイズ」という形質が変化したことなので、これも進化なのです。サイズが大きくなっても、小さくなっても、両方とも進化なのです。

1　逆に、栄養状態の改善が原因ならば、背が伸びたのは獲得形質なので、進化ではありませんね。
2　食べもののタイプが変わると、それに合わせて消化器官の形質も変化します。たとえば、ウシは巨大な盲腸をもっています。

誤解が生じそうなときは、進化の定義を思い出してください。よかろうがわるかろうが、大きくなろうが小さくなろうが、変化することが進化なのです。

よくある誤解：生物進化にゴールはある？

さきほど「人間も進化の途上にある」と書きましたが、それでは、進化になんらかのゴールはあるのでしょうか。なかには、人間は進化の最高の形態で、人間こそが進化のゴールであるというような考えをもつ人もいますが、それは間違いです。人間は究極の生命体ではありませんし、そんなものは人間以外にも存在しません。究極の生命体がどのようなものか、空想の世界で想像することすらむずかしいでしょう。

どんな形質が繁栄するかというと、それは環境によって決まります。一概にいえない。だから、生物進化に決まったゴールは設定しようがないのです。ある特定の環境下では最適な戦略であっても、環境が変われば、それは哀れで不毛な戦略となります。からだを巨大化させるという戦略をとった恐竜が絶滅したように。

しかし、せっかくなので、生物学のコンセプトを使って、少しだけ究極の生命体について考えてみましょう。生物には、**ジェネラリスト**（generalist）と**スペシャリスト**（specialist）というふたつのタイプがあります。ジェネラリストは、いろんな環境で高い適応度をもちます。スペシャリストは、特別な環境では非常に優れた適応度を誇るが、ほかの環境ではからきしだめなもの。このふたつの戦略の、どちらが生命として優れているかは一概にはいえません。なぜなら自然淘汰は、この両方の戦略をもった種のどちらも選び取って、現代まで伝えているからです。たとえば、バクテリアのなかまには熱に対する耐性をもつものがいて、なかには摂氏１００度を超える熱水のなかでも生きられる種も存在します。でも、冷たい水では生きていけません。これはスペシャリストですね。別の種のバクテリアは世界中のいろんな場所で生きられます（たとえばシアノバクテリアという光合成をするバクテリアは、熱帯の海から極寒の湖にまで生息しています）。これはジェネラリストですね。どちらのバクテリアも、すごいやつらです。でも、どっちがすごいと軍配を上げるのはむずかしいですよね。

生物のもつ特徴が、分類学上の系統に関係なくあらわれることを**収れん進化**（convergent evolution）といいます。トンビも空を飛ぶけど、トンボも空を飛びますね。しかしこの2種は、分類学的にはかけ離れています。それでも、空を飛ぶという特徴は、この2種にとって役立つ形質なのでしょう。だからこそ、空を飛ぶ仕組みが昆虫と鳥で独自に進化してきたのです。[3] このように、収れん進化で生じる特徴は、いろんな生物にとって普遍的に有利な特徴といえなくもありません。だから、収れん進化は「ポピュラー」な戦略を見きわめるための目じるしになるかもしれませんね。第2章で出てきたミジンコは、有性生殖と無性生殖を切り替える能力をもっていますが、僕の好きなコケ植物にも、状況に応じて無性生殖と有性生殖を切り替える種類があります。この切り替え能力は、分類学的には関係のごくうすいミジンコにもコケにも存在するのですから、これも収れん進化の一例ですね。

よくある誤解：人間は「高等」な生物？

「生物には下等なものと高等なものがある。下等な生物は進化の途中段階にあり、最終的に高等な生物を目指している。そしてその頂点とはつまり人間である」という考え方があります。これは致命的な誤りです。生物は、それぞれが置かれたシチュエーションに応じて進化しています。もっとも「原始的」[4] と考えられるバクテリアなどの微生物だってすごい進化を遂げています。たとえば、ある種のバクテリアは、高い放射線のなかでも生存し繁殖できますから、僕ら人間よりずっとすごい能力をもっているのです。

進化はいつも同時進行で、いくつもの方向に向かって進んでいます。たとえば、ダイオウイカとクマムシは数億年前に枝分かれし、それぞれの「路線」に沿って自然淘汰をくり返し経験した結果、現在にいたっているのです。このように、すべての現存する種が、それぞれ独自の方向性をもっていて、その独自の基準で評価すると、世界でいちばん進んでいる種なのです。[5]

たとえ話をしてみます。ふたりの高校の同級生がいました。ひとりは演劇の道に進み、有名な俳優になりました。もうひとりは学問の道に進み、有名な大学教授になりました。

3　トンビのつばさは、は虫類やほ乳類の前足と同じように、内部に骨をもっています。しかし、トンボのはねは、昆虫の外骨格（からだの外側をおおうかたい皮膚のようなもの）が変化したものですから、これらの成り立ちはまったく異なるのです。

4　原始的なものが「下等」と定義されているのをよく見かけます。

5　「ニッチ」という生態学の用語があります。これは、ある生物が生息する環境条件を総合的に表したものです。ニッチがまったく同じ2種の生物は共存できない。だから、進化の方向性も種ごとに独自のものとなる。評価基準が種ごとに異なるんだから、それぞれの戦略が現時点での「最高峰」である、といえるのです。

さて、どちらの人がより成功したのでしょう？　この質問の答えは、ひとつに決められませんね。成功を評価する基準は、いろいろあるからです。俳優として成功した人のほうがすごいという人も、教授のほうがすごいという人も、両方あり得ますね。

生物を評価するときも、このたとえ話と同じような注意が必要です。人間は薬品でバクテリアを殺すことはできますが、ある種のバクテリアのように無酸素状態や超高温、深海などの条件で生きることはできません。将来人間が絶滅したとしても、そのときにバクテリアはまだ生きていることでしょう。そう考えると、どちらが高等かは基準によって変わるので、ひとつに決めることはできませんね。

よくある誤解：進化は「階段を登るようなもの」

進化とは図3－1のようなものだと思っている人、非常に多いと思います。生物の進化には「等級」みたいなものがあって、もっとも上位・もっとも進化が進んだ存在が人間で、その次がサルで、その下にもろもろの生きもの、みたいな。でもこの考え方は間違いです。生物はそれぞれの暮らす環境（ニッチ）に合うように、それぞれ進化してきたのです。カブトムシはカブトムシの暮らす環境に適応した結果、あのからだのかたちになった。人間も自分たちの生活環境に適応している。たまたま人間の環境では脳が大きくなることが有利だったから僕らはこうなっただけで、脳なんて使わなくても繁栄している別の生きものたちを見下すいわれはないのです。

図 3-1　生物は進化の度合いで「高等」「下等」が決まっている!?

この関係を図３－２のように描けば、誤解が少なくなります。僕ら人間もチンパンジーもカブトムシもみんな共通の祖先をもっていて、共通の祖先から枝分かれして経過した時間、つまり自然淘汰にさらされてきた時間はぴったり同じです（ただし、自然淘汰の強弱はあります）。方向性が違うだけで、みんなそれぞれに進化の最前線で生きているのです。生物種には、お互いの系統が近い・遠い、という関係はあり

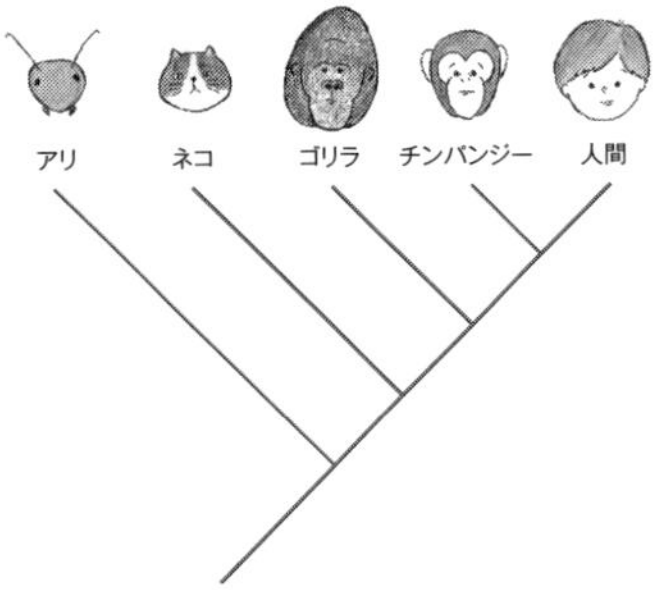

図3-2　生物に類縁関係の「遠い」「近い」はあるが、「高等」「下等」という関係はない。

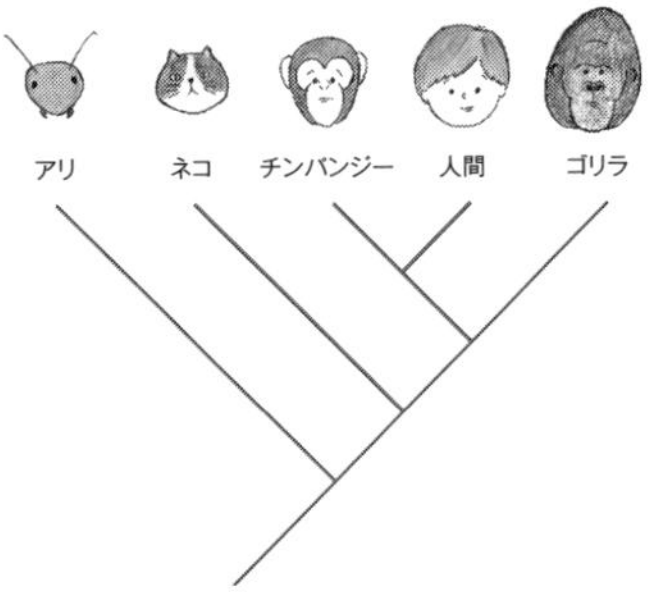

図3-3　人間を右端に描く必然性は特にない。この図も、図3-2と同じことを意味している。

ますが、どちらが「上」という関係はありません。

この関係、図3－3のように描けばベストでしょう。この図は結局、図3－2とまったく同じことを表していますが、わざと人間が端っこにこないように描いてみました。こういうふうに描くと、人間が特別じゃないことが一目瞭然ですよね。そしてこの図には、さらに意外な事実が描かれています。この図を見るとわかるように、チンパンジーにとって、ゴリラよりもむしろ人間のほうが近い親戚なのです。言い方をかえると、チンパンジーと人間をふくんだグループは、ゴリラと遠いむかしに枝分かれしていて、その時点ではチンパンジーと人間はひとつの種だったということです。

「ヒトから見てもっとも近縁な動物はゴリラではなくチンパンジーである」。この話はしっくりきますね。ところが、**「チンパンジーから見てもっとも近縁な動物は、ゴリラではなくヒトである」**というと、にわかには理解しがたいかもしれません。でも事実です。人間だけが特別なポジションにいて、そのほかの動物たちはすべて「ケダモノ」というカテゴリに入る、というのはありがちな過ちです。これは事実に反しています。

　僕らはゴリラもチンパンジーも「サル！　サル！」ってひとくくりにして、彼らの賢そうでやっぱりバカっぽい行動を半笑いでながめたりするけれど、実はチンパンジーはゴリラよりよっぽど「こっち側」の生きものなんです。動物園で、ゴリラの檻のとなりに入れられたチンパンジー。それらをひとくくりにながめる僕ら人間。当たり前なこの光景も、チンパンジーから見たらひどく不公平に感じられるかもしれません。チンパンジーにとって、より身近なのは、ゴリラではなく人間だからです。「ゴリラとチンパンジーはサルだが、人間はサルじゃない」という主張は、生物学の理論でいうと明白な間違い。人間が自分たちの都合で勝手につくり上げてきた幻想にすぎないのです。

チンパンジーはご先祖さま？

動物園に行くと、よく「サルはご先祖さまだから大切にしなくちゃならん」なんて冗談まじりに話すおじさんがいますが、それは間違いです。チンパンジーなどのサルはご先祖さまではありません。共通の祖先をもつ関係であり、親類関係でいうと、双子のきょうだい、もしくは同い年のいとこです。どちらが年上か、という新旧の差はありません。共通の祖先から枝分かれして現在まで、まったく同じ時間が経過しているきょうだいなのです。

別のたとえでいうと、人間にとって酵母菌は小学校までの同級生、マグロは中学校までの同級生、チンパンジーは高校までの同級生みたいなものだともいえます。年は同じだが、枝分かれのタイミングが違うということです。学術用語では、枝分かれのタイミングが最近である関係を、「近縁」といいます。そのような関係ではお互いのことを、**近縁種**（related species）とよびます。ときに、親類というと、どっちが年上か（ご先祖にあたるか）という議論が生じがちですが、現生の生物はすべて「同い年」です。だから生物の類縁関係は、「同い年の（双子の）きょうだい」「同い年のいとこ」「同い年のまたいとこ」……、みたいなものです。

コラム　人間もサルです――分岐分類学の考え方

分岐分類学（cladistics）という学問があります。この視点から見ると、「人間はサルじゃない」というのは、「ジンベエザメはサメじゃない」といっているのと同じことです。サメという大きなくくりのなかにジンベエザメという種があるように、サルという大きなくくりのなかに、その一種として人間が存在しているのです。人間もサルなんです。シンプルなこの事実は、人間の誇りがじゃまをして、なかなか受け入れがたいかもしれません。実はサルのほうにも誇りがあって、「人間と同じくくりに入れられるなんて、まっぴらごめんだ！」なんて思ってるかもしれませんね。でも事実は事実。そうなっているからしかたないのです。

ここで用いている原則は、共通の祖先をもつものを、不自然に区別してあつかわないというものです。分岐分類学の専門用語では、共通の祖先をもつものをあますことなく

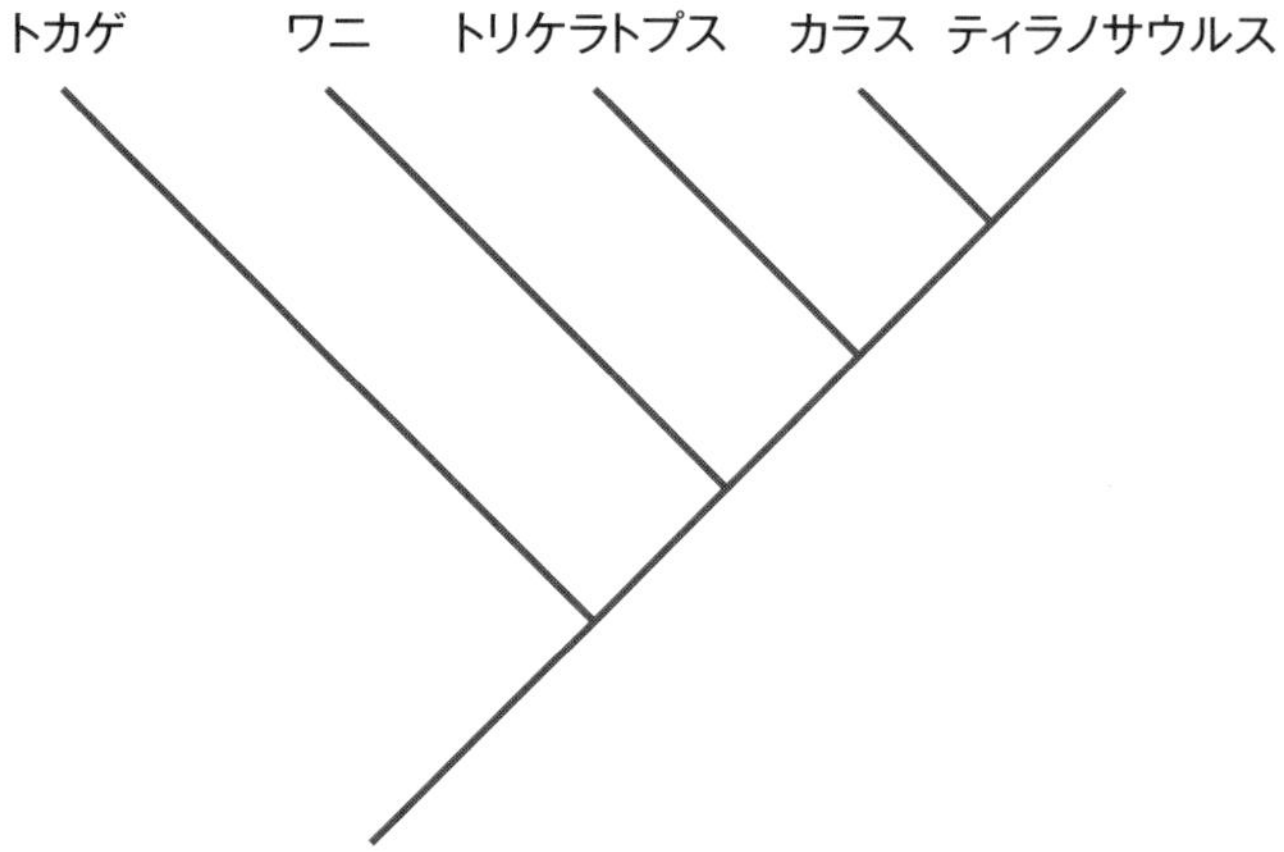

図 3-4　は虫類の類縁関係を示した図。カラス（鳥類）がどこに位置しているかに注目。トリケラトプスとティラノサウルスをまとめて恐竜とよぶならば、カラスも恐竜とよばないとおかしいのだ。

ふくみ、かつ、それらだけで構成されたグループを「**単系統群**」といいます。つまり、共通の祖先をもつものを過不足なくふくんでいるってことですね。たとえば、ほ乳類というグループは単系統群です。すべてのほ乳類は共通の祖先をもっています。そして、その祖先から枝分かれしたすべての生物は、ほ乳類としてあつかわれています。

一方、僕らがふつう思い浮かべる「は虫類」は単系統群ではありません。日常用語では、「鳥類は、は虫類ではない」というのが常識になっているからです。でも、進化の系統をたどると、鳥もは虫類の一種なのです（図３－４）。鳥類とは虫類を区別するのは、分岐分類学的には誤りです。さらにいうと、は虫類のなかに恐竜というグループがあり、恐竜のグループのなかに鳥類が存在します。だから、分岐分類学にしたがうと、鳥類は恐竜なのです。恐竜は大むかしに絶滅したといいますが、実は現代にも余裕で生き残っています。カラスもスズメも恐竜。お昼に食べた鶏のから揚げは恐竜の肉。読者のみなさんの常識とあまりにかけ離れているかもしれませんが、これが進化の系統に忠実な考え方なのです。

単系統群は客観的・科学的な分類のしかたで、これに反する分類は、人間の主観の入った、場当たり的でご都合主義な分類ということもできます。しかし、世の中のすべてが科学で動いているわけではないので、日常生活で目くじらを立てる必要はありません。ただ、生物学を学ぶときはスイッチを切り替えるようにしましょう。

義務教育で習う動物の分類では、古典的なやり方をいまも使っていて、分岐分類学的には不適切な「鳥類とは虫類は別の分類」という考え方を教えていますよね。たしかに、見た目や表面上の特徴で分類すると、魚類・両生類・は虫類・鳥類・ほ乳類と分けるのがしっくりくるのはわかります。でも実はこれ、ほんとうは違うということを、覚えておきたいものですね。あと、魚類・両生類・は虫類・鳥類・ほ乳類を順番に並べて、さも、うしろにいくほど「高等」みたいなあつかい方をするのは、誤解のもとです。気をつけておきたいものです。

生物は、種を存続させるという目的のために生きている？

レミングという動物の話を、聞いたことのある人もいることでしょう。レミングは、寒い地域に暮らす、ネズミみたいな小型のほ乳類です。彼らはときに、爆発的に個体数を増やすことがあります。[6] レミングの生息地は気候がきびしいため、食べものがあまりありません。レミングが大量発生すると、そのままでは食べものの不足が深刻化し、すべての個体が飢え死にしてしまうかもしれません。そんなときレミングは巨大な群れをつくって集団で移動し、ついには崖から飛び下りて死んでしまう。なぜか。レミングという種の存続のため、なかまの生存のため、自己犠牲としての自殺を図るのだ――。

僕が小学生のころに読んだ科学の本には、こんな話がまことしやかに書かれていました。これが生物の本質だとすると、「ネズミですらなかまのために死ぬ。人間である僕らも集団のため自己犠牲を払わねばならない」「地球環境を維持するために自己犠牲が必要だ」などという話に発展していきかねません。ところがこのレミングの話、実は真っ赤なウソなのです。生物進化と自然淘汰は、種の保存のため・集団の利益のために自己犠牲をはらう、という行動を選び取りません。自然淘汰の基準は単純明快。その個体のなかの遺伝子が適応度を上げるかどうか、ということだけなのです。

もし仮にレミングに**集団自殺をする遺伝子**があったとして――。生物の個体群にはバリエーションがあるので、やはりレミングにも、率先して自殺する「まじめな英雄」タイプの個体と、あまり自殺したがらない「ずるい」タイプの個体が存在することでしょう。さて、飢きんが起こったとき、どちらのタイプが生き延びて、子孫を残すでしょうか。この本をここまで読み進めてきたみなさんにはわかりますね。そう、**「ずるい」タイプ**のほうが生き残りやすい。つまり適応度が高いのです。ずるい個体は、まじめな

6　個体数に極端な増減があるのは、レミングにかぎったことではありません。横浜市内の川でクラゲが大量発生したり、中近東でイナゴが大量発生したり、というニュースを耳にすることもありますね。大量発生は、わりとよくある自然現象なのです。

レミングたちが自殺してくれたおかげでエサに困らなくなり、たくさんの子孫を残すことでしょう。レミングの歴史のなかで飢きんがたびたび発生すれば、そのたびに、だんだん「ずるい」行動をとる遺伝子が勢力を増していきます。そして自己犠牲的な遺伝子は、ついに消滅してしまうことでしょう。[7]

ちなみに、生物は種の利益のために自己犠牲をはらっているという考え方は、20世紀中ごろくらいまでは、学者のあいだでも広く信じられていました。ところが、ここで書いたような推論をすれば、そういう特徴は存在しえないことが明らかになり、専門家たちはいまから半世紀も前にこの考え方を捨て去りました。「みんなのために、国家のために、あるいは地球のために、自分を犠牲にしましょう」なんて考え方は道徳的に都合がよかったのかもしれませんが、筋が通らないことを教え続けるわけにはいきません。[8]ちなみに、集団のために自己を犠牲にする特徴をもった種が有利になる、という誤った理論は、「**群淘汰**」とよばれます。これをいまだにひきずっている自称専門家もいるので注意してくださいね。

生物個体は、自分の目の前にある生存と繁殖だけを目指して行動するのです。たとえそのために、同じ種のなかまを蹴落とすことになろうとも。その結果、いつか種が絶滅することになろうとも。なお生物のなかには、あきらかに利他的な行動をとるものも存在します。それは、利他的な行動が、自分自身あるいは自分のきょうだいや子どもにプラスにはたらくからです。詳しくはのちほど考えます。

進化は、生物を「よい方向」に導く？

「進化」という言葉のイメージ。生物が、より強く・より賢く・より繁栄するように、将来を見すえて自分から変化しているような印象をもつかもしれませんね。しかし実際のところ、進化は生物を「よい方向」に導いているとはかぎらないんですよ。第2章で学んだように、進化には袋小路があります。進化は「盲目」なので、目先の適応度が高

7　では、「集団自殺」っぽく見えるレミングの行動は、実際のところなんなんでしょうか。いろんな説明が可能だと思います。たとえば、単に群れで海や川を渡ろうとしているだけなのかもしれません。そのとき、運わるくおぼれる個体がいてもおかしくありません。しかしその個体は、自殺をしようとしたのではなく、可能なかぎりがんばって泳ぎ切り、エサの多い新天地にたどり着こうとしていたのです。新天地を探し求めるという形質は、個体の生存と繁殖に有利にはたらくこともありますよね。

8　ちなみに僕は、地球環境を守るための研究をライフワークにしていますが、レミングのような間違ったたとえ話で市民を導きたくはありません。伝える情報は、できるだけ正しいものにしようと思っています。

い方向に進むという特徴があります。言い方を変えると、長期的なメリットを考えて、短期的なメリットに飛びつかずにがまんする……、なんてことは苦手なのです。

たとえば、恐竜やマンモス。からだが巨大なことには長所と短所があります。からだが大きいと、ライバルとのあらそい・天敵とのあらそいなどで有利になりますが、その反面、大量のカロリーを必要とします。環境が安定している恵まれた状況では、大きなからだは有利なことが多いので、彼らは大きなからだをもつ方向に進化していったのでしょう。しかし、白亜紀の最後をおそった隕石の衝突などで、環境は大きく変化します。気候が変わって食べるものが減ると、大型の動物は小型の動物よりも先に死んでしまうのです。

こんなふうに、長所を伸ばすばかりでは、環境が変わればそれがアダとなり、コロッと絶滅してしまうってこと、生物の歴史のなかでは多々あります。

僕たち人間にも、**長所と短所のトレードオフ**の問題があります。人間の特徴は、なんといってもその知能でしょう。知能は脳の大きさと深くかかわっていますから、どんどんあたまが大きくなってどんどん賢くなる、というのが人間の長所を伸ばす進化といえなくもありません。しかしそこには、思わぬ落とし穴があります。人間の出産は、動物

図 3-5　この絵では時間が左から右に流れていて、生物たちの歩く道の先には、しばしば崖が。イビツに進化した恐竜とは、残念ながらここでお別れ。人間とクジャクは、いまのところ生きている。しかしこのあとに待ち受けているのはやはり、恐竜と同じ運命なのかもしれない。 進化とは、「なにかがよくなる」という能天気なものではなく、たとえほろぶとしても進むしかない道のこと。恐竜、クジャク、そして人間……。生物進化はすばらしく特徴的な生物をつくりだす。そして、そのすばらしい特徴は、その生物の「生きづらさ」を生みだすイビツさでもあるのだ。

界ではなかなか例を見ないほどの難産ですが、その理由は、赤ちゃんのあたまの大きさなのです。二足歩行する人類の骨盤の構造には限界があるのに、自然淘汰はあたまの大きな子どもをつくろうとする。出産のリスクを下げるか、それとも知能をとるか。このトレードオフの結果、僕らの脳は、なんとかぎりぎり新生児を産めるサイズまで巨大化してしまっている。そこまでして知能を高めるのがほんとうによいことか。これは単純に答えられる問題ではないのです。

あと、クジャクのオスの尾羽も、袋小路の進化のかたちづくったものなのですが、これはクジャクのオスにとって、かなりやっかいな特徴です。飛ぶのにもじゃまになるし、エサを採るときも、敵から逃げるときにもじゃまになる。クジャクを見ている人間にとっては美しいものですが、クジャク自身にとっては、それは「生存のために役立つ」とは、とてもいえません。では、なぜこんなものができてしまったのか？　なぜクジャクの尾羽を伸ばすような自然淘汰が存在するのか？　詳しくは第6章で学びます。自然淘汰はすばらしく興味深い仕組みですが、その産物は、いつでもよいものだけ、ってわけにはいかないんですね。恐竜の巨体や、人間の巨大な脳や、クジャクの優美な尾羽など、これら「イビツ」なものを、生物進化はつくり上げてしまうのです（図3－5）。

日本特有の誤解――「進化論」という言葉

この本では、一般的に使われる「進化論」という言葉ではなく、「生物進化」や「進化生物学」という、より正確な表現を使っています。進化「論」といってしまうと、ともすると「生物進化という仮説」、または、「生物の存在を説明する、いろいろな説のひとつ」といった意味にとられる危険性があります。これは日本でこの用語が定着してしまったことの弊害です。生物進化は確立された理論であり、仮説ではありません。生物進化の理論なしでは、農作物の品種改良もできませんし、現代の医学や薬学も成り立ちません。僕たちの日常の食べものや医療も、生物進化の理論をベースにしています。「ただの仮説だから、信じるも信じないも自由」なんてものじゃないのです。

未来の人間はどうなる？

現代人はあたまばっかり使っている。このままだと、あたまばっかり発達して、からだはへなちょこな人類に進化していくのでは？　子どものころに読んだマンガに、こういう未来人の予想図というのがあり、今も印象に残っています。そこでは、未来人はあまり歩いたり力仕事をしたりしないので手足の筋肉が退化し、あたまを使ってばかりいるので脳みそが大きくなるという説明とともに、あたまが極端に大きく、手足が柳の枝みたいになった人の絵が描いてありました。はたしてこういうことは起こるのでしょうか。僕が大人になり、進化生物学者となった今では、そうなるための「条件」みたいなものがわかります。

この本で学んできたとおり、なにかが進化するには、その形質の適応度が高くなければなりません。適応度とは、単純にいえば残す子孫の数のこと。ひとむかし前までは、**社会的な成功**と適応度のうえでの成功は、よく一致していました。社会的な成功者、たとえばカリスマ的な権力者などは、多くの子孫を残す機会に恵まれました。チンギスハンは、世界でもっとも多くの子孫を残した人だったとのこと。なんと、現存する世界中のすべての男性の200人にひとりは、チンギスハンの子孫だというのです[9]。チンギスハンは世界最大の帝国をつくった人であり、その後の数百年にわたりユーラシア大陸に君臨した支配者の血統の創始者。彼がたくさん子どもをつくれたのも社会的成功のおかげ。その子どもたちもまたたくさん子孫を残したのも、社会的成功のおかげです。このように、社会的な成功は生物としての適応度とよく一致していたのです。

さて、現代ではどうでしょう。どのような人たちが「成功者」とよばれているでしょうか。たとえば学歴の高い人がエリートとしてあつかわれることがありますが、はたして彼らは多くの子孫を残しているだろうか。うーん。まわりを見渡してみると、そうでもありませんね。このように、社会的成功と適応度での成功は必ずしも一致していないというのが現代社会の特徴なのです。これは、人間に特有の、本能（子孫を残すための衝動）と個人の幸福のせめぎ合いの結果かもしれません。

日本でも少子化は大きな問題ですね。国立社会保障・人口問題研究所の調査によれば、「学歴が高いほど出会いも結婚も遅い」とのこと。たしかに、勉強して社会的に成功した人は収入が高くなる傾向がありますが、それはたくさん子どもを産むこと、つまり適応度を高めることに結びついていないのです。豊かになると子どもの数が減るという現代人は、ほかの生物とはかなり違いますね。

というわけで、未来人の姿を想像するときは、いまたくさん子孫を残している適応度の高い人、無責任なことをいうならば、テレビの大家族番組の登場人物を思い浮かべるのも、あながち間違いではないのかもしれません。未来人につながる進化は、生物的な適応度の点から見た成功者たち、つまり、子孫を大勢つくる人たちがもたらすからです。

9　Zerjalらによる2003年の論文です。

動物はやさしく賢くて、人間はおろかなのか？

「自然界の動物は、必要以上にエサを取り尽くすことはない」なんて美談が語られることがあります。動物は自然との調和を考えているのに、人間は貪欲だから恥ずかしい……、なんていわれることもあります。しかし、これは完全なる誤解です。ライオンが満腹のときに草食動物を追わないのは、狩りでケガをするリスク・むだに疲れるリスクと、エサから栄養を得る利益とを比較した、トレードオフの結果なのです。

生物学者であり文筆家でもあるダイヤモンドによると、自然界の動物たちにはエサを取り尽くすだけの能力がないというのがほんとうのところのようです。たいていの動物はエサを見つける能力が低かったり、エサを効率的に捕まえる能力が低かったりするために、エサを取り尽くせないだけなのです。特に、エサの数が減ってくると、獲物を見つけるのは極端にむずかしくなります。相手を絶滅させるまでに追い込むことができるのは、とても有能なハンターだけなのです。エサの数が減ると、ハンターも飢え、その数を減らすのがふつうです。

自然界の動物は、シチュエーションによってはひどく残忍にふるまうことを、実例は教えてくれます。たとえば、長らく無人島だったグアム島に人が住むようになり、それにともなって外来種のヘビが持ち込まれた結果、大半の在来の鳥類は絶滅、もしくは絶滅の危機に瀕しています。

基本的に、**動物たちは無情なハンター**です。過去の生物の歴史で、そのために絶滅させられてきた種は数知れません。僕たちが現在目にしている生きものは、たまたま彼らを絶滅させるだけの能力をもったハンターに遭遇していないだけの話なのです。実態はこうなのに、「動物はやさしくて賢い」なんていうのはお人よしなことですね……。飢えたハンターは死にものぐるいだから、相手の絶滅のことなんか気にしません。

さらに、「むかしの人は賢くて、現代人はおろかだ」「むかしの人はやさしくて自然を大切にし、現代人は自然破壊をする」、という考え方も基本的に間違いです。たとえば、1万年と少し前にアメリカ大陸にやってきた人類、現在はネイティブアメリカンとよばれる人たちは、きわめて優秀なハンターでした。その当時のアメリカ大陸に生息していたマンモスや、巨大なナマケモノ、巨大なビーバー、巨大なアルマジロなど、巨大ほ乳類（megafauna）の絶滅の大きな原因は、気候変動など自然の要因に加えて、この人たちの仕業もとても大きいんじゃないかと考えられています。動物も、そしてむかしの人々も、状況が許せば、自然を破壊し、環境を激変させてきました。生きものってそういうものなのです。

人間は今も「進化」している？

進化とは「なにかがよい方向に成長する」というふうに誤解している人から「人間は今も進化している？」と質問された場合、僕の回答は「ノー」です。人類にとって現代は、淘汰圧が異常なほどに低い時代ですから、こういう状況では、環境に適応したものが選ばれて繁栄するというメカニズムがはたらきにくいのです。自然淘汰の強弱という基準から考えると、生まれた赤ちゃんのほとんどが大人になれる先進国の住人は、すごく弱い自然淘汰しか経験していません。これは農耕や牧畜による社会の安定化、さらには近代以降の産業革命と科学の進歩、医学と公衆衛生の改善、みたいな要因が影響しているわけです。

しかし、正しくは、進化とは集団としての遺伝的な特徴が世代を追うごとに変化することですから、いまも人類は、なにかの点で進化していると考えられます。たとえば、いわゆる「退化」も進化の一種です。現代の人類は、プラスの方向、たとえばより賢くなる方向に進化していないどころか、徐々に知能が低下している、という報告があります。スタンフォード大学のクラブツリー教授は、「人間の知性のピークは２０００～６０００年前であり、その後、人類の知的・感情的な能力は徐々におとろえている」という研究結果を発表しました。これは脳の大きさの変化で推定した結果です。

ここ最近の約1万年、農業や牧畜などで人間の生活は安定していき、「生きるか死ぬか」というシチュエーションは減ってきました。これにより、知能の低い人間が淘汰される機会が減り、脳の大きさの進化は止まり、やがて小さくなってきたというわけなのです。さらに最近では社会福祉や医療の進歩によって、むかしなら若死にしていたような人たちが大人になり、子どもを残すようになった。そのうえ、むかしは公然と一夫多妻制だったので、あたまがよい者・からだのつよい者が多くの富を蓄積し、多くの妻をもち、多くの子を養うことができた。しかし、現代社会は少なくとも建前上は一夫一婦制なので、特別あたまがよくてお金を稼ぐ人でも、むかしほど多くの子どもを残すことはできません。このように、淘汰圧の変化に応じて、人間の特徴は変化していきます。

現代文明を生み出せるほどに進化した人間の知能は、生物のなかでもずば抜けています。それってどういうことか、たとえ話をしてみましょう。トップアスリートは、その運動能力を維持するために毎日トレーニングしています。1日でもトレーニングを休んでしまうと、もとのからだのキレを取り戻すのに3日かかる、なんて話も聞きますね。原始時代の激しい自然淘汰の結果、人間の頭脳も、そういう生物の限界に近いところまで高まってしまったので、ちょっとでも淘汰圧が下がると、さっそく能力が低下していくのかもしれませんね。限界まで高められたアスリートの肉体や人類の知能。それはとても不安定な状態にあり、キープするのがむずかしい、ということなのかもしれません。

第４章 ダーウィンと生物進化の科学史

生物進化の話題になると、真っ先に思い浮かべる人物はダーウィンかもしれませんね。たいへん有名なこの科学者、**チャールズ・ダーウィン**（１８０９〜１８８２年、イギリス人）は、現代の生物学すべての基礎となっている生物進化の理論体系を組み立てた人ですが、彼は進化だけを専門に研究していたのではありません。彼は生物や自然全般についての鋭い観察者であり、いろんな現象について「なぜ？」と考え、仮説を思いめぐらせていたのです。結果的に後世、進化生物学の業績が特に有名になりましたが、むしろ彼自身は自分のことを地質学者だと思っていたくらい、いろんなものに興味をもっていたようです。どんなテーマに対しても、背後にひそむ法則を探るという科学者の目をもっていたのがダーウィンのすごいところだと思います。

この章では、ダーウィンがどのようにして生物進化の理論にたどり着いたのか、そして彼の生物進化のコンセプトにゆかりのある科学者たちについて考えてみることにしましょう。

資源の限界

僕の思い出を少し語らせてください。小学生だったころの話です。田舎の農家だったわが家には、一匹のネコが住み着いていました。ミーちゃんと名づけられたその三毛猫[1]は、はじめはどこからかふらりとやってきた野良ネコでした。おおらかな農家だったうちの居心地がよかったのでしょう、自然と住み着くようになりました。そんなネコだから、避妊手術などしているわけもなく、毎年2回、当然のように子ネコを産んでいました。春と秋に、毎回5匹くらい。僕は生まれた子ネコがかわいくてたまらなくって、いつも一緒に遊んでいたんだけど、生まれて数ヶ月経った子ネコたちは決まって、僕が学校に行っているうちにいなくなります。半泣きになりながら探しまわるけど、決して見つからない。それもそのはず、実はじいちゃんが、僕に黙ってどこかに捨てていたのです。たしかに、そんなにたくさんのネコはうちでは飼えない。そして、じいちゃんにもじいちゃんなりのやさしさがあって、生まれてすぐではなく、ある程度大きくなってから捨てて、彼らが野良ネコとして生き延びる可能性を高めようと考えていたのです。[2]

小学生の僕にとってかけがえのない存在だった子ネコたち。彼らを突然失って、僕は泣きくずれます。泣きつかれてふとんに入り、目を閉じてこんな想像をします。子ネコたちは僕の知らないどこかでサバイバルして生き残り、エサをしっかり探し出し、立派な大人の野良ネコになると。当時の僕はそのように想像することで気持ちを落ち着けていましたが、やはりそうはならなかっただろうと、大人になった今ではわかります。もしも、そうやってすべての野良ネコが生き残って子孫を残していくと、世界はネコで埋め尽くされます。そうはならないのは、捨てられた子ネコたちや、野良ネコの産んだ子ネコたちの大半は、僕らの知らないところで死んでいっているからなのです。ネコを養う**この世界の資源の量には限界がある**のに、たくさんの子どもが生まれてしまう。これは冷徹な事実です。子ネコの傍観者であった僕にとってもトラウマになるような事実で

1　三毛猫はすべてメスなので、ミーちゃんも当然メスです。
2　もちろんネコを捨てるのは違法行為であり、それを助長する意図はまったくありません。これは30年以上も前の話で、そのじいちゃんはすでに亡くなっています。

すから、当事者であるネコたちにとっては、どれほど冷酷なことでしょう。

19世紀初頭のイギリスの経済学者の**マルサス**は、この事実に気づいていました。簡単にいえば、彼は「地球のサイズは決まっているから、養える人口には限界がある」ということを理路整然と述べたのです。この考え方が、19世紀中ごろに活躍したダーウィンに大きな影響を与えました。

生命は「賢く」「やさしい」のか？

生物は、養いきれない数の子どもを生むようにできています。だから、**キャパシティを超えた個体は死ななければならない**。できればウソであってほしい話ですが、事実は僕たちの希望と、ときにするどく対立するのです。生命は「賢く」「やさしく」、地球全体のバランスを保つように生きている、なんてことをいう人もいますが、それは間違いです。

もしも、地球全体のキャパシティを考えて、たくさんの子どもを生まないことにする生きものがいたらどうなるでしょう。地球の生物すべてがそんなふうに賢くてやさしければ、生きものは末永く幸せに暮らしていけそう、と思えるかもしれませんが、それは許されません。

生物にはバリエーションと突然変異があるので、やがてその種のなかにも、ふつうの個体よりも少しだけ多くの子どもを生む個体が出てくるかもしれません。その、「ちょっとだけ多くの子どもを生む」という形質は子どもに引き継がれます。はじめは少数派だった突然変異グループですが、世代を経るにつれ、その割合が上昇していきます。それもそのはず、突然変異グループはたくさんの子孫を残すから数が増えていくのに対し、ふつうのグループはいつまで経っても一定の数をキープしているからです。そしてやがて、個体数が環境の許容量を超えることになり、生存のための競争が始まります。繁殖力の強い形質をもった者たちがその強さを発揮し、しまいには、多くの子どもを生む者だけが残ることになります。

逆に、「少ない子どもを生む」という突然変異が生じても、それはすぐに淘汰されて消えます。わかりますよね。控えめな数の子どもを生むという遺伝子は残らないのです。進化の理論が支配するこの世界では、どんな生物でもこのルールからは逃れられない。どんな生物でも、生き残れる以上の子どもをつくり、その結果として、多くの子どもたちは若死にしていくようになっているのです。

ダーウィンの考えた進化のメカニズムは、この事実がなければ成り立ちません。僕たちにとって、できればオブラートでつつみたい生物の生々しい現実を丸裸にして見せるもの、それが生物進化なのです。ちなみに、生物進化を間違ったオブラートでつつもうと試みた考え方もありました——。

コラム　なぜ同性愛という形質は淘汰されないの？

たしかに。これは第一線の研究者もあたまを悩ませる問題でした。同性愛が遺伝形質だとすると、同性愛者は異性愛者よりも子孫を残しにくいので、その形質は自然淘汰によって失われてしまうはずですよね。

このことについて、近年画期的な発見がありました。男性の同性愛者のもつ心理的な形質は、いうなれば、「男性をすごく愛する」という傾向のことだったのです。この遺伝子が男性に入ったら、その男性は別の男性をすごく愛するようになる。その遺伝子が女性に入った場合は、その女性は男性をすごく愛するようになる。つまり、男女どちらに入っても、男性をすごく愛するようになる遺伝子だというのです。

ということは、その遺伝子をもった男性は子孫の数が少ないものの、それを埋め合わせるように、その遺伝子をもった女性は、子だくさんの傾向が強くなります。つまり同性愛者は、その家族や親戚に、すごく子だくさんの女性がいることが多いようなのです。これが事実ならば、同性愛という形質がなくならないのもうなずけますね。

モラル的に都合のよいラマルク

生物は進化するという考え方は、ダーウィンの時代にはとても真新しいものでした。特にヨーロッパでは、生物の種はすべて神さまがデザインして創造したものだから、勝手に環境に合わせて変化するなんてありえないという先入観が蔓延していたのです。しかしそんな世の中でも、生物学の知識が増大していくにつれて、どうも進化という概念を使わないと説明がむずかしいことが増えてくるようになりました。そんなご時勢で、実はダーウィンより前に進化を唱えた科学者たちがいたのです。その代表として、19世紀初頭のイギリスの博物学者**ラマルク**（1744～1829年）を取り上げてみましょう。

ラマルクの唱えた進化のメカニズムは、当時の道徳基準に照らして、それなりに聞こえのよいものでした。それは啓蒙主義や進歩主義[3]のさかんな時代にマッチしたものでした。ラマルクの説は、こんなかんじです。動物がその生活のなかでよく使う器官は発達する。たとえば、ウェイトリフティングの選手は筋肉をよく使うので、筋肉ムキムキになる。逆に、あまり使わない器官は、次第におとろえていく。僕のように毎日パソコンに向かって仕事をしていると、気づくと足の筋肉がおとろえている。このこと自体は当たり前のことであり、だれも疑ったりしません。

ところが、ラマルクが無理をとおそうとしてしまったのは、次のステップです。筋肉をよく使ってムキムキになった動物の子どもはその特徴を受け継いで、やはり筋肉ムキムキに生まれつく。その子も筋肉をよく使うとしたら、そのまた子どももムキムキになる。これをどんどんくり返すと、やがてゴリラのようにムキムキ体型の種が生まれるのだという理屈を、進化の原動力として提唱したのです。このように、動物の個体がライフスタイルをとおして獲得した身体的特徴が子どもに遺伝する、というのがラマルクの主張です。

　こういう考え方を、専門用語で「**獲得形質の遺伝**」といいます。ラマルクが考えた進化のメカニズムなので、**ラマルキズム**ともいいます。これは、ダーウィンの考えた自然淘汰というメカニズム（**ダーウィニズム**）とは、するどく対立するものです。ちなみにラマルキズムのことを日本語で「用不用説」という場合がありますが、この表現は日本人による造語であり、用不用説に対応する英語の学術用語はありません。

　いまだにラマルキズムを信じている人たちがいます。生物学の専門家を自称する人たちのなかにも。ラマルキズムがなくならない理由は、それが「一般受けしやすい進化の説明」に便利だからかもしれません。ラマルクは、「生命のはしご」のようなものをイメージしていました。バクテリアのような「下等な」生物から、徐々に生物は「よりよい方向」へ、「より高等な方向」へ進化して、ついに人間が生まれたのだ、というようなストーリーが、彼の唱えた生物進化です。生物はそれぞれ努力して、このはしごを上ろうとしている。これがラマルクのいう進化で、努力は実を結ぶという進歩主義との相

3　生物学者の僕が乱暴に定義してしまうと、「勉強して努力すれば、社会も人間も進歩してよくなるという思想」です。

性がとてもよいのです。親が努力して獲得した形質のおかげで、子どもは生命のはじごのより高い位置からスタートでき、またそのポジションを次の子に伝えていける、というわけです。こう考えると、生命は、それ自体が「より高等」になる「意欲」をもっていて、その方向へ「努力」している、ということになります。

古代の哲学者アリストテレスは、ものにはすべて「目的」がある、たとえば種子には、発芽し成長して樹木になるという目的があると考えていました。これを生物種の進化にまで応用してしまったのがラマルクの理論だということも可能でしょう。「下等」な生物は、努力して「高等」になろうという目的がある、というわけです。この考え方を人間という生きものにあてはめて、よりよい人生・よりよい社会を目指してがんばろう！なんて話にもっていくことも可能だったのかもしれません。それは、啓蒙思想や進歩思想で人を教育し、前向きな行動に導くのに好都合なのです。しかし僕はこれを、科学を毒入りのオブラートでつつむようなやり方だと思っています。

なぜ現代にもバクテリアみたいな「下等な」生物がいるのか？　ラマルク的な説明では、その生物は努力を怠っていたから、といえます。もしくは、バクテリアのような単純な生物は無生物からいくらでも生まれる（自然発生する）ことができると当時の科学者は考えていましたから、[4] 最近誕生した生命の系統は、むかしからいる系統より進化が進んでいない、という説明も可能でした。

ここで大事な補足を。獲得形質は遺伝しませんが、ボディビルダーの子は、やっぱり筋肉ムキムキに育ったりします。でもそれは、生まれつき筋肉が大きい傾向・「筋肉を使う活動が好き」という傾向・トレーニングに耐える意志の強さ、などが遺伝したからかもしれません。決して、親の努力の結果が子どもに伝達されたのではないのです。獲得形質は、その個体の存命期間にのみあらわれるもので、その個体が死ぬと消滅し、子孫に引き継がれることはありません。[5]

4　自然発生説というものです。19世紀にパスツールが白鳥の首のかたちをしたフラスコを使った実験で自然発生説を否定するまで、科学者たちはだらだらと自然発生説を信じていたようです。

5　ところが最近、エピジェネティクスという現象が注目されています。これは、考え方によれば、部分的にラマルキズムの復活ともいえます。詳細はのちほど。

ダークなダーウィン？

獲得形質は遺伝しません。原理的に、ラマルクのいうような進化は起こりえないのです。進化の原動力はダーウィンの提唱した自然淘汰でした。自然淘汰の理論によると、筋肉ムキムキの種が生まれるメカニズムはこうです。鍛えるという意思や努力が身を結んだわけではなく、ただ生まれつき筋肉が大きくなる傾向をもった個体が自然淘汰を生き残り、生まれつき筋肉が弱い個体は死に絶えたから、世代を経てだんだん筋肉が強くなってきた。それだけのことです。

自然淘汰は、「養いきれないほどの子が生まれること」「適さない個体が死ぬこと」という基礎のうえに成り立っています。これは、進化論がしばしば、道徳的にきらわれる理由でもあります。この章の冒頭に書いたように、自然淘汰と適者生存のルールは、必然的に「死」を前提にしているため、それを受け入れるのは道徳的にむずかしいと感じる人もいることでしょう。しかし、それが事実であることは、僕たちが好むかどうかとは別の問題です。現代に暮らす僕たちは、科学の発見をどのように受け止めて人生をおくるか、という客観的な思考が必要になると思います。

メンデルの孤独で重要な仕事

ダーウィンの生きていた当時、生物進化の理論に対する批判はいろいろありましたが、そのなかでも有力だったのは、遺伝のメカニズムについてでした。「両親の特徴はブレンドされて子に遺伝する」と仮定すると、進化の生み出す結果はどのようなものになるでしょう。２色のペンキを混ぜ合わせると中間の色になるように、両親の特徴がブレンドされて、中くらいの特徴が子にあらわれる、ということになりますね。この考え方にもとづくと、生物は次第に中くらいのものばかりになり、個性が失われていく。すると、自然淘汰に不可欠な個性のバリエーションはすぐになくなってしまうから、ダーウィンの説は成り立たない、という批判にいたるのです。

ダーウィン自身はこの説にきっちりと反論できませんでしたが、世界の別の場所で、結果としてダーウィンを支持する研究をした人がいました。オーストリアの司祭、**メンデル**（１８２２～１８８４年）です。メンデルも、中学校や高校の教科書でおなじみですね。メンデルの実験から、遺伝は基本的に「ブレンド」するものではなく、「**シャッフル**」によって生じることがわかったのです。コーヒーとミルクを足して２で割ると、カフェオレができますよね。これがブレンドです。では、「コーヒーと書かれた紙」と、「ミルクと書かれた紙」をシャッフルしてどちらかを選ぶと、カフェオレができますか？　いいえ。選んだ人の手元には、コーヒーかミルクかどちらかの紙があるだけで、決して混ざり合いません。ブレンドとシャッフルの違いをイメージしてもらえたでしょうか？

遺伝とはブレンドではなく、混ざり合わない「粒子」である遺伝子のシャッフルの結果なのです。メンデルの実験で、「すべすべ」の実をつけるエンドウマメと、「しわしわ」の実をつけるエンドウマメを交配させたとき、生まれた子どもの世代はすべて、「すべすべ」か「しわしわ」か、そのどちらかにはっきり分かれたのです。「すべすべ」と「しわしわ」の中間のマメはできませんでした。そして、あるマメが「すべすべ」「しわしわ」のどちらになるかは、ランダムに決まっていました。親から子へ、ランダムになんらかの「粒子」が引き継がれることで、子が「すべすべ」か「しわしわ」かが決まる。特徴を決めているのは「粒子」なので、世代を経たらだんだん混ざり合う、なんてことはないのです。

この考え方にもとづくと、世代を経るだけでは個性のバリエーションが消えることはありません（図4－1）。これで、ダーウィンのいう自然淘汰がはたらく舞台ができあがりました。個性のバリエーションが消えるときは、「すべすべ」か「しわしわ」の遺伝子

図4-1　親のもつ特徴は、シャッフルされて子どもに伝わる。からだの形、模様、耳、目、口。子どもたちは、それぞれの特徴を、父か母どちらかから受けついでいる。

に適応度の差が生じたときで、環境に不適合なほうが淘汰されてなくなるのです。

ダーウィンは『種の起源』の出版によって、一躍ときの人となり、その後も表舞台での議論に活発に加わっていたのですが、メンデルはオーストリアの片田舎の司祭で、科学は本業ではありません。アマチュア科学者として実験を続けていたのですが、彼の研究成果は、生前あまり注目されませんでした。結局ダーウィンは、亡くなるまでメンデルの研究のことを知らなかったかもしれません。となると、ダーウィンは遺伝子がどのように機能するかというメカニズムを知らなかったことになり、自説の基盤は相当不安定だったことでしょう。しかし、結果としてダーウィンは正しかった。ダーウィンの死後、メンデルの仕事との融合がなされ、生物進化の理論に不可欠な、多様性の維持という難問は解決されました。

ダーウィンの生物進化とメンデルの遺伝学。このふたつの成果の融合は、20世紀前半の科学者たちによって成し遂げられました。生物学の進歩に大きく貢献した出来事で、「**現代の進化理論の統合**（modern evolutionary synthesis）」といわれます。

ちなみに、メンデルは遺伝子というものの存在を解き明かしたけれど、遺伝子を構成する物質はなんなのか、彼が生きているあいだには判明しませんでした。遺伝子がDNAの配列に記録されていることが判明し、科学者に受け入れられたのは、20世紀も後半に入ったころです。メンデルは遺伝子が混ざり合わない粒子であることを実験で示しましたが、彼は、遺伝子を構成しているのがDNAという物質であることを知らぬまま、その理論的挙動を推測していたのです。サイエンスが発展すればするほど、ダーウィンやメンデルの先見の明のすばらしさが証明されていきました。彼らはまさに、たぐいまれな科学者ですね。

でも、どんなに立派な科学者でも、神さまのようにあがめてしまってはいけません。

そうした時点で思考停止におちいり、科学は停滞します。次のコラムで解説するエピジェネティクスのように、ダーウィンの理論でカバーできていない新たな発見はあり、それにしたがって僕たちはみずからの認識をあらためていかなくてはならないのです（学問上のライバルが発見したことを認め、自説を修正するのがサイエンスの美点で、宗教と科学が違う理由のひとつです）。

さて、そんなダーウィンでしたが、彼の思考力をもってしても、うまく説明できないことがありました。それはクジャクの尾羽です。クジャクのオスはなぜ、あんなにもじゃまな尾羽をもっているのだろう。なぜあの尾羽が適応度を上げるのだろう。これは、ダーウィンの時代の自然淘汰の理論では説明できませんでしたが、現在は説明できるようになっています。これについては次の章で学びます。

コラム　ラマルキズムの復権!?――エピジェネティクス

間違った科学の典型例のようにあつかわれ、不名誉を被ってきたラマルキズム。しかし近年にわかに、ラマルクの説もまんざら間違いじゃないかも、と思えるような現象の発見がありました。それは**エピジェネティクス**（epigenetics）とよばれています。

これまでは、生物は父母からもらった遺伝子をシャッフルするだけで、自分自身で書き換えることなく子どもに渡す、というふうに思われていました。しかし近年、個体が存命期間中に経験したことの影響が、その次の世代に受け継がれていると考えられるような現象がいくつか見つかってきました。

たとえば、飢きんのさなかに妊娠された子は、そのＤＮＡのはたらきが変わり、[6]その影響は、大人になっても受け継がれる、と考えられる発見がありました。[7]また、マウスを使った実験では、親ネズミがある種の環境にさらされると、子ネズミの攻撃性が高まるという研究も発表されました。[8]これらは、ＤＮＡの「はたらき」の変化というかたちで、親の経験が子に伝わった、とある意味いうことができるかもしれません。

これは、いまも論争の続くホットなサイエンスの最前線。基本的にダーウィンの説の正しさが覆されることはないけど、もしかしたら、ラマルクの汚名が、部分的にせよ返上されるようなことになるかもしれません。

6　ＤＮＡの配列そのものは変わらないけど、ＤＮＡをはたらかせるスイッチのオン／オフが変わるのです。代表的な仕組みとして「メチル化」という現象がありますので、興味のある方は調べてみてください。

7　Heijmans らの２００８年の論文。

8　Franklin と Mansuy の２０１０年の論文。

この章のおわりに

キリンの首はなぜ長いのか。ラマルクによると、あるキリンの祖先は、高い木の葉っぱを食べるためにがんばって背伸びして、努力した。すると次第に、この一匹の動物の首が少し伸びた。やがてこの一匹に子どもが生まれた。その子の首は、少し長かった。努力したこの一匹は、少し首の長い子をもつことに成功した。これが少しずつ積み重なって、やがてキリンは現在のかたちになったのだ。

一方、ダーウィンによると、キリンの祖先には何匹かの子どもがあった。子どもたちは生まれつき、からだの特徴に個性をもっていて、ある子は、ほかのきょうだいより少しだけ首が長かった。別の子は、少し首が短かった。あるとき、この家族が暮らすサバンナが激しい干ばつに見舞われた。ほとんどの草は枯れてしまったが、深い根をもつ高木だけはかろうじて葉っぱをつけていた。たまたま首が長く生まれついた子は、ほかのきょうだいたちよりほんの少し多くの葉っぱを食べることができた。これが生死を分けた。生き残ったこの個体の子は、やはり首が長い形質を受け継いでいた。こうして飢きんのたびに首の長い個体が生き残ることが重なり、やがてキリンは現在のかたちになったのだ。

このふたつの説の意味するところは大きく異なります。ラマルク説のほうが前向きで、人生に希望をもてる気がするかもしれない。がんばったらその努力の成果は遺伝によって受け継がれ、自分の子孫、ひいては人類の繁栄につながります。友だち同士が「一緒にがんばろう」と励まし合い、切磋琢磨して、みんなが「今日より少しよい明日」的な、自分らより少しよい子どもをつくることが可能になります。ラマルクによれば、友だちみんなが同じように長生きして子孫を残していても、進化は進んでいく。

一方、ダーウィンの理論は、ほんとうにダークです。しかし、僕らが人生で経験してきたように、往々にしてダークでネガティブな理論のほうが真実だったりするのです。きょうだいや友だちみんなが同じように長生きして子孫を残していたのでは、進化は起こらない。環境に適さない個体が死んだり、子孫を残せなかったりすることが、峻厳たる進化の原動力なのです。

僕たちのもつ遺伝子は、「たまたまの生まれつき」、つまり受精の際にどんな遺伝子の組み合わせを与えられたかによって決まっています。これは努力とまったく関係のない世界です。僕たち生物個体がもつ遺伝子は、父の精子と母の卵が受精した瞬間に決まってしまっているのです。だから、生まれてからどんなに努力しようとも、僕らは自分の遺伝子を変えることはできません。そして、僕らが小さな小さな受精卵だったときにすでに与えられていた遺伝子を、僕らはまた淡々と次の世代に受け渡していく。それだけのことなのです。

話がどんどん暗くなってきましたが、人間は、獲得形質が遺伝しないにしても、みんなそれなりにがんばって生きています。人間だけじゃなく、動物も植物も、ちゃんとがんばってますよね。これはむなしいだけの作業かというと、実はそうでもない。「努力の成果」は遺伝しなくても、がんばることで、エサをゲットできたり、敵から逃げ出せたり、すてきな配偶者を見つけられたりするからです。こうしてがんばることで、僕らは自分のもつ遺伝子を次の世代に残していきます。そう、生物はがんばるように生まれついているのです。次の章では、**生物ががんばることで「得をするのはだれ？」**なのかを考えてみましょう。

第5章 ドーキンスの「利己的な遺伝子」

僕ら生きもののはかない立場

僕たちは生きています。自分自身の目で見て、耳で聞いて、あたまで考えます。自分の判断に沿って行動します。おなかがすいたらごはんを食べ、たまにお気に入りのお菓子を食べます。病気になったら薬を飲んだり病院に行ったりして、早くよくなるようにします。勉強や仕事をがんばるのはつらいときもあるけど、この努力が将来、実を結ぶだろうって信じて、やり遂げようと思います。これらは、自分という個体が幸せに、心身ともに健康に暮らせることを願っての行動ですね。

人間は、自分の好みにとてもうるさい生きものです。好みの場所で好みの服を身につけ、好きなことをしていたいと思います。好きな人と人生をすごしたいと思います。これらは、人間の個体にとって、すごく大事なことです。僕ら人間は、好みに合った生活を送ることを、人生で第一といっていいくらいの高い優先順位において生きています。

このように、自分で思いどおりに生きているはずの人間なのですが、実は僕たちは、自分以外のナニモノかによってコントロールされている。自分は自由だと思っていた孫悟空がお釈迦さまの手のひらの上に乗っていたのと同じように、ふだんは意識しないナニモノかに、僕ら人間や、ほかの生きものもコントロールされている。こんなふうに聞くと、ちょっとびっくりするかもしれません。これはいったいどういうことなのか、この章で考えてみましょう。

利己的な遺伝子

１９７６年、高名な生物学者であり文筆家でもある**リチャード・ドーキンス**は、『**利己的な遺伝子**』という本を書きました。これは進化生物学の本ですが、生物学の専門家のみならず、社会学者や思想家など多くの人びとに影響を与え、賛否両論の論争を巻き起こしました。ドーキンスが述べたことは、受け取り方によっては冷酷に聞こえる、すべての生命に共通する原理でした。それはきわめて普遍的であったがゆえに、生物学だけじゃなく、この世界（自然界や人間界）を認識する視点を根底からくつがえす可能性を秘めていました。

人間をふくめて、生物の個体は**遺伝子の乗り物**である。僕たちは乗り物だから、遺伝子にとって都合のよいようにデザインされ、動かされているにすぎない。人間は自分の感情や理性の判断で行動しているように思っているが、そもそもそういう感情や理性をつかさどる脳は、遺伝子を設計図としてつくられたもの。それは、遺伝子にとって都合がよくなるように自然淘汰がつくりだしたものなのである。これがドーキンスの主張でした。このように、遺伝子は自分を繁栄させるために生物の個体をあやつるという「身勝手」な振る舞いをするので、彼はこれに名前をつけて、「利己的な遺伝子」とよぶことにしました。

遺伝子の利己的な振る舞いは単純です。遺伝子は、利用している個体が苦しもうとも、ほかの遺伝子を滅ぼすことになろうとも、自分の繁栄を目指すように振る舞うのです。遺伝子という情報がなるべく長く残り、なるべく多くのコピーを残そうとする。それ自体が遺伝子の「目的」です。遺伝子はその目的のために生物の個体をあやつっている。進化とは、生命とはそういうもので、べつに高尚な意味など存在しないのです。遺伝子は、自分のコピーを増やすために存在している。その目的のために、生物の個体を利用している。現代に生きる僕たちのからだのなかの遺伝子は、この利己的な目的を達成してきたものたちなのです。

ちなみに、「目的」とか「利己的」という表現をしていますが、遺伝子に人格的な意識があるわけではありません。あくまでも比喩的な表現です。遺伝子は単なるDNAの羅列によって表される情報ですから、遺伝子に意識はありません。しかし、遺伝子の特徴を調べている進化生物学者から見ると、遺伝子は、まるで利己的な意識をもっているかのように振る舞っているのです。遺伝子とは、利己的に振る舞うように宿命づけられた自動機械、またはコンピュータプログラムだと思えばよいでしょう。生物進化と自然淘汰のルールが、その宿命を与えているのです。

遺伝子は利己的だから、生物も利己的に振る舞うことが多いのです。簡単な例で考えてみましょう。トラに2匹の赤ちゃんができたとします。そのうちの1匹は、利己的に振る舞うという遺伝子をもっています。エサを我先に食べます。もう1匹は、利他的な遺伝子をもっています。きょうだいを思いやって、エサを譲ってあげます。では、どちらのトラのほうが、将来子孫を残す可能性が高いでしょうか。みなさんおわかりですね。モラル的によいかわるいかではなく、生存し、繁殖することに適した遺伝子が残っていくのです。樹木だってそうです。彼らは日光というかぎられた資源の奪い合いをしています。となりの木を思いやって成長をひかえる樹木があったら？　そういう反応を引き起こす遺伝子は、すぐに淘汰されてなくなっていくでしょう。[1]

遺伝子と個体の関係――遺伝子はいつも利己的だが、個体はいつも利己的とはかぎらない

生物は、遺伝子の乗り物です。だから、個体に「乗っている」遺伝子は、その個体を駒として利用して、自分のコピーが繁栄するようにしむけているのです。個体を駒としてあやつることが得意な遺伝子だけが残っていきます。進化とはこのように、**遺伝子の繁栄を目的としたゲーム**だともいえます。そして、僕ら人間の個体も、そのゲームの駒なのです。シュールなブラックジョークのように聞こえるかもしれませんが、こういうことなのです。

1　では、生物である僕たち人間も利己的に振る舞ってよいのでしょうか？　その結論はきわめて短絡的で危険です。この本を最後まで読んでから考えてみましょう。

興味深いことに、生物の個体は、このゲームの存在に気づいていません。だから、「自分の遺伝子を残そう」という目的を意識していません。それもそのはず、人間以外の生物たちは、遺伝子というものが存在することにすら気づいていないのです。人間ですら、遺伝子がなにかという基本的な事実を理解したのは20世紀になってからです。これまで、人間をふくめたすべての生物は、遺伝子というものが存在していることすら知らぬまま、遺伝子の乗り物として存在し、活動していたのです。まさにお釈迦さまに会う前の孫悟空です。本人はまったく意識していないのに、生物の個体はご主人さまである遺伝子が繁栄するように活動します。そして自然淘汰は、乗り物である生物の個体をうまくデザインできる遺伝子を選びとる。生命とはこういうものなのです。

そう、人間をふくめた生物の個体は、遺伝子の「駒」です。将棋の対局者はしばしば、「捨て駒」という戦略を使います。ある駒（個体）を犠牲にして、究極の目標である勝利を目指します。たとえば対局者は、スタート時点で9枚の「歩兵」という駒をもっていますが、9枚のうちで「どれか1枚が特別にお気に入り」なんてことはありません。捨て駒をするタイミングになったら、淡々とその駒を捨てます。しかし、もし駒に意識というものがあったとしたら、「となりの歩兵が捨てられた。自分じゃなくてよかった」、なんて思っているのかもしれません。

こんなふうに、遺伝子を将棋の棋士にたとえると、僕ら人間の個体は、駒になるのです。将棋の棋士は、たとえ「歩兵」を3枚捨てたとしても、ほかの1枚が成功して「と金」になって、ゲームを支配することができればハッピーです。どの個体が「と金」になるかは重要ではないのです。そして、将棋の駒が、スタート時点で別々のマス目に割り振られているように、同じ両親から生まれたきょうだいA・B・Cにも、それぞれ少しずつ違った個性が割り振られています。ある環境ではAが優れているかもしれないし、別の環境ではBが有利かもしれない。もし、Aが成功して子孫をたくさん残す（遺伝子のコピーをたくさん残す）ことができれば、BやCが若死にしたり、子どもを残さなかったりしても、結果として遺伝子は成功したことになります。仮に成功するのがBであって、Aが若死にしたりしても、遺伝子は頓着しません。遺伝子としては、どの個体でもいいからどれかが生き残って活躍してくれたら、それでいいのです。

僕ら人間の人生がかなしくもおもしろいのは、将棋と違って、プレーヤーである遺伝子に意識も意思もないということ。逆に、駒である僕たち人間には、意識があること。自分の境遇をなげいたり、身のまわりのことに一喜一憂したりするのは、僕ら人間です。

もっとも人間は、自分が駒だってことをふつうは認識していません。しかしほんとうのところ、僕らは、どんなに自由だと思っていても、からだもこころも、もって生まれた遺伝子の限界を超えることはできません。お釈迦さまの手のひらから出られない孫悟空みたいなものです。

利他行動

個体はしばしば、自分を犠牲にしても、利他的な行動をとることがあります。個体の生き残りが究極の目標なら、**自己犠牲的な行動**は矛盾にあふれていますが、遺伝子の繁栄が目標ならば、その行動は合理的に説明できます。たとえ自分という個体が死んでも自分の遺伝子が残るなら、それは進化というゲームでの勝利になるからです。では少し、利他行動について考えてみましょう。

この本ではここまで、生物はみな基本的に利己的な行動をとる、それは利己的な行動が自然淘汰で有利にはたらくから、という話をしてきました。それが生物の基本であるのは間違いないことです。基本的に、利他的な行動はトレードオフをともないます。はかのだれかが幸せになった結果、自分は不幸せになる（適応度が下がる）ような行動は、淘汰されて消えていくのです。

それでもなお、生物の世界では利他行動が見られるときがあります。たとえば、自分の子どもをつくるのを放棄して、一生を兄弟姉妹のためにささげるハタラキアリやハタラキバチ。敵がやってきたときに警戒音を発するプレーリードッグ。[2] しかしこれらの利他的行動は、「遺伝子が利己的」というルールを使って説明することが可能です。これらの動物が利他的行動を示す相手は、自分の**血縁者**です。血縁者にメリットをもたらす引きかえとして、自分は死んでゆく。これは、「利己的なのは遺伝子である」ということの強力な証拠です。だって個体Aの遺伝子にしてみれば、自分を次世代に引き継いでくれるのが個体Aである必要はないのです。個体AのきょうだいのBとCは、それぞれ、Aの遺伝子の50％を共有しています。だから、Aが犠牲となって死ぬことによってBとCが生き残るなら、遺伝子としてはそれでもかまわないのです。同じ量だけ、自分のコ

2　自分自身が敵から逃れたいだけなら、警戒音など出さずにだまって逃げればいいのです。警戒音を出した本人は敵に注目されるため、狙われる危険性が高まるのですから。

ピーが繁栄するということだからです。[3]

有性生殖には、多彩なバリエーションの子孫が得られるというメリットがある反面、自分とまったく同じコピー（クローン）はつくれないというデメリットがあります。自分の子どもは、自分の遺伝子の50％しか受け継いでくれない。そう考えると、利他的な行動をとるべきシチュエーションも生じます。たとえば、自分ひとりの命を犠牲にすれば、きょうだい3人の命を救うことができるならそうするべきだと、僕らの操縦者である遺伝子は命じるでしょう。ハタラキアリやハタラキバチが存在する理由も同じです。彼らは、自分自身が子孫を残すよりも、自分のきょうだいを養うほうが自分のもつ遺伝子のコピーを多く残せるから、甘んじてその仕事をするようになっているのです。

もちろん、アリやハチはむずかしい生物学の理論を使って損得の計算をしているわけではありません。彼らは本能に埋め込まれたとおりの行動をしているだけです。アリやハチの先祖には、ベストではない本能が埋め込まれたものもいたことでしょう。しかしそれらの遺伝子は淘汰されてなくなった。長い時間がたつと、最終的に残るのは、適応度がベストになる行動をとるよう個体を導く遺伝子なのです。遺伝子は適応度の「損得」を計算することはできません。遺伝子にできることは、「**しらみつぶし方式**」という原始的なやり方だけです（次のコラム参照）。

このように、個体レベルでは利他的な動物の行動は、遺伝子にとってみれば、常に利己的なのです。結局、生きものの行動は、遺伝子がたくさん自分のコピーを残すための戦略です。ときには、個体に利他的な振る舞いをさせるという戦略によって、自分のコピーをたくさん残すという利己的な目的を達成しているのです。

コラム　コンピュータ科学と進化の意外な関係

円周率。この不思議な数字を特定することに、むかしから多くの科学者がチャレンジしてきました。むかしの科学者にとって、円周率を求めるための計算式を考え、それを解くことは大きなチャレンジでした。なんせ円周率は、規則性をもたずに無限に続く数なのですから。しかし、少し考え方を変えると、驚くほど単純な方法で、円周率を推定

3　ちなみに、血縁のない者同士でも、条件が整えばお互いにメリットを与え合う共存関係が生じることもあります。

することも可能です。それは、**モンテカルロ法**というやり方です。「モンテカルロ」はギャンブルで有名な街。そう、モンテカルロ法では、ギャンブルのように確率に頼ったやり方で、円周率などの未知の値を推定するのです。

モンテカルロ法の実行には、むずかしい理論を理解する必要はありません。ただ、膨大な回数の実験のくり返しがあればよいだけです。円周率を計算するには、図5－1のような図形を用意します。そしてここに、目をつぶってダーツの矢を何万回も投げてみます（かなり遠くから投げましょう。近すぎると、中心に当たりやすくなるので誤差が生じます）。するとある矢は偶然Aのエリアにささり、ほかの矢はBのエリアにささることでしょう（どちらにもささらなかった矢はカウントしないことにします）。これは、図の正方形のなかでは、どの場所も矢がささる確率は同じであるという仮定にもとづいています。さて、ある実験では、Aのエリアに5万2400回、Bのエリアに1万4300回の矢がささりました。ということは、円周率をxとして方程式をつくると、

$$A の面積：B の面積＝10\times10\times x：(400-10\times10\times x)＝52,400：14,300$$

となり、xについて解くと、x＝3・14243……となります。小数点以下2ケタの、

料金受取人払郵便

牛込局承認

8501

差出有効期限
平成30年11月
3日まで

(切手不要)

郵便はがき

162-8790

東京都新宿区
岩戸町12レベッカビル
ベレ出版
読者カード係　行

お名前	年齢
ご住所　〒	
電話番号	性別	ご職業
メールアドレス	

個人情報は小社の読者サービス向上のために活用させていただきます。

ご購読ありがとうございました。ご意見、ご感想をお聞かせください。

● **ご購入された書籍**

● **ご意見、ご感想**

● 図書目録の送付を　□ 希望する　□ 希望しない

ご協力ありがとうございました。
小社の新刊などの情報が届くメールマガジンをご希望される方は、
小社ホームページ（https://www.beret.co.jp/）からご登録くださいませ。

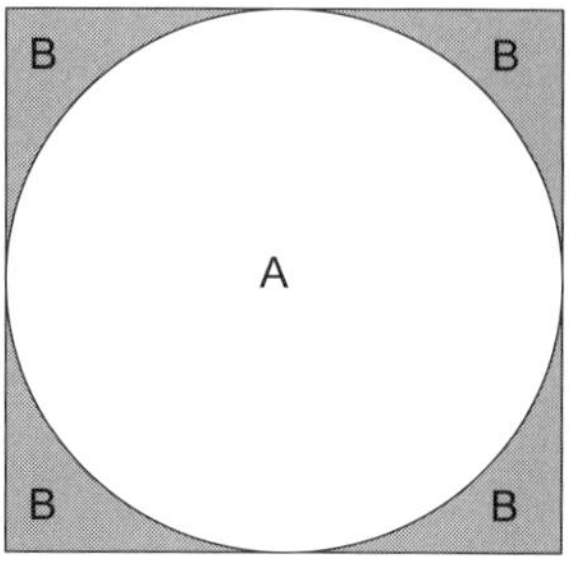

図 5-1　正方形にぴったりはまった円。

「3・14」までは正解を出すことができましたね。実験の回数を増やして、何十万回、何百万回と続けると、だんだん正確な円周率の値に近づいていきます。これは相当めんどうくさいやり方ですね。しかしこれ、コンピュータを使うと、何十万回もの実験も実現可能です（ちなみに、モンテカルロ法よりも計算の効率がよい方法もあります）。

で、自然淘汰がやってることは、このモンテカルロ法に似ています。「盲目」に、ランダムにいろんなタイプの個体を発生させて、どれが適応度が高いのかを探っていく。神様のようにすべてを見渡す能力があればよいのですが、自然淘汰も遺伝子も「盲目」なので、このしらみつぶし方式をとるしかないのです。効率はとてもわるい。しかし長い長い時間を経ると、だんだん適応度の高い方向への進化が生じていく、ある種万能の方式なのです。ドーキンスは、進化は「盲目の時計職人」である、と言いました。それはまさに、このようなしらみつぶし方式のことを表現しているのでしょう。試行錯誤をくり返す長い長い時間さえあれば、進化は、動物の目やつばさのような洗練された精密な器官、あるいは利他行動といった複雑な戦略などを生み出すことができるのです。

遺伝子にとって僕らひとりひとりの個体は、たった一回の実験にすぎないのです。これまでの生命の歴史で、何兆回もの試行錯誤が生じてきたことでしょう。そしてその個体たちは、悲劇と喜劇の入り混じったようなドラマをくり広げてきたことでしょう。この試行錯誤の過程に思いをはせると、なんだか不思議な気分になります。

この章のおわりに

「生きものは遺伝子の乗り物にすぎない」という話、みなさんは読まなかったほうがよかったと思いますか？　僕は個人的には、たとえ自分に都合のわるい情報でも、聞いておきたいと思うタイプです。わるいニュースをすべて把握したうえで、それでも前向きに生きたいと思う「**楽観的悲観主義者**」なのです。

僕たちが「こうあってほしい！」と願う理想と科学的な事実は、しばしば対立することがあります。たとえば、僕らはなんらかの宗教や思想を信じていたり、尊敬する人物の人生観に心酔していたりするために、「人間の存在する意味はこれだ。人生の目的はこれだ」なんてことをこころに抱くことがあるかもしれません。テレビや雑誌、インターネットなどのメディアでは、いろいろもっともらしい人生観があふれていますね。でも、いちど生物進化の真の意味を知ってしまうと、もうそういうことは信じられなくなってしまう。僕自身、そういう経験をしました。自分を支えてくれていた人生観を捨てることは痛みをともないますし、いちど捨ててしまうと、もう後戻りできません。それでもやっぱり、無知というぬるま湯につかって人生を送るよりはよかったなって思います。

なお、欧米には、最先端の生物学者でありながら、私生活では敬虔なクリスチャンである人たちも大勢います。僕個人は科学と宗教を自分のなかで両立させることはできませんでしたが、そうする人のことを否定はしません。結局のところ、これからの人生観をどうするかは、僕らひとりひとりにゆだねられているのです。

コラム

「nature vs. nurture」可塑性の問題

この本では、生物の形質は遺伝的に決まっているという事実にもとづいて進化生物学を学んでいます。ところが、生物の形質は「生まれついての遺伝」だけでなく「生まれてからの環境」に左右されることも多々あるのも、みなさんお気づきだと思います。一卵性の双子はよく似ています。それもそのはず、生まれつきの遺伝子がまったく同じだからです。しかし、一卵性双生児と仲良くなると、彼らの外見や性格に個性が存在することがわかってきます。その個性をかたちづくったのが、生まれてからの環境の違いなのです。もしも一卵性双生児が幼いときに引き離され、別々の家庭で育つと、遺伝子は同一でも性格はけっこう違う二人になることでしょう。

このように生物の形質は、生まれてからの環境によって変化します。そのような性質を専門用語で**可塑性**（plasticity）といいます。たとえば、同じ種イモからできたジャガイモの苗を、日あたりのよい場所・わるい場所に植えてみると、後者の環境では背が高くひょろひょろに育ったりします。これが可塑性です。

それでは、僕ら生物の形質は、いったいどれくらいの割合で遺伝子が決めているのでしょうか、それとも可塑性が決めているのでしょうか。これを英語では、語呂がいいので「**nature vs. nurture**」の問題といいます。nature は生まれつきの要因としての遺伝子の影響を表します。nurture（直訳すると「養育」）は生まれてからの環境の影響を表します。

もちろん、血液型のように遺伝だけで単純明快な説明が可能な形質に可塑性が関与する余地はありません。しかし、僕たちの日常で気になる「学校の成績」「異性からのモテ度」などについては可塑性が大きくかかわっています。いつも一緒にいる友だちが変わるだけで、「成績」や「モテ度」は変化しますよね。「モテ度」についていえば、身長や顔立ちには遺伝の要素が大きいものの、服装や言動などは環境によって大きく変化するからです。

進化生物学の専門家たちは、この nature と nurture がどの程度の割合で生物に影響を与えているかを悩みつつ研究しています。同様に、日ごろは進化生物学のことなんて考えもしない現代人の日常も、実は nature と nurture の関係から大きな影響を受けているのです。

第6章

クジャクの尾羽はなぜ長い？

性淘汰と、ランナウェイ（暴走）進化の袋小路

この章では、動物の性と生殖について考えていきます。生物進化の観点から動物のことを考えると、一見不条理な特徴がいろいろ存在します。それは初期の進化生物学者たちを悩ませていました。

たとえばクジャクのオスがもつ尾羽。たいへん美しいものですが、美しい以外に、いったいなんの役に立っているのでしょうか。役に立つどころか、生活のじゃまになっているような気がしませんか？　実際、クジャクのオスの暮らしは、どうもたいへんそうです。尾羽が長いために、飛ぶのも苦手、敵から身を守るのも苦手です。生きもののもつ特徴は、それがその生きものにとって有利だからこそきびしい自然淘汰で選ばれてきたというのが、これまで学んできた生物進化の大原則です。そうなると、クジャクのオスの尾羽はいったいどんなプラスの意味をもつのでしょうか。なかなか理解に苦しみま

すね。

クジャクの尾羽だけではありません。動物の世界には、派手な色使いとか、美しい歌声の鳥とか、ただ風変わりなだけで、なんの役に立っているのか不明な特徴がたくさんあります。そう、からだはなるべく地味な色をしているほうが敵から身を守るのに適しているでしょうし、きれいな歌を歌うのは、敵に自分の居場所を教えているようなものです。いったいなぜ⁇　この章では、この「なぜ？」を解明していきたいと思います。

ちなみに植物のからだは、いわば全身が戦闘機械のようなものであり（第2章）、これまで学んできた理論を使って、なぜそのような特徴をもっているかを説明することが可能です。しかし、クジャクの尾羽は、どう考えても**戦闘機械の装備**ではありませんね。エサをつかまえたり敵とたたかったりするときにはじゃまなだけです。ふつうに考えると、華美な装飾はまっ先に淘汰されてなくなるべきものじゃないのでしょうか⁉

性淘汰とランナウェイ（暴走）効果

長い尾羽がじゃまになり、オスのクジャクは飛ぶのも歩くのも苦手、エサを取るのも敵から身を守るのも苦手です。それでもなんとか生き延びているのですが、もし尾羽が機能的な長さだとしたら、どんなに暮らしやすいだろうと傍観者の僕は思います。いったいなぜ、そんな尾羽が自然界に存在するのでしょう。

その答えは、**「それを好むメスがいるから」**です。その尾羽が「生活の機能」には役立たなくとも、過剰で華美であるほどメスを魅了するのです。機能的にはむしろマイナスなものでも、異性に好まれる特徴は選ばれ、子孫に伝わり繁栄する——。クジャクのメスは、「日常生活」の役に立たないもの、むしろ「日常生活」のじゃまになる特徴を結果的に選択しているのです。

これを理論的に説明したのは20世紀の有名な進化生物学者、フィッシャーです。彼は、クジャクの尾羽のように機能的ではない過剰な装飾が自然界に存在するのは、異性が配偶相手の特徴を選ぶことで進化を引き起こす、**性淘汰**（sexual selection、または性選択ともいう）という現象であり、その結果、**ランナウェイ効果**（暴走進化）が生じることを説明しました。

なんらかのきっかけで「交尾には尾羽の長いオスを選ぶ」というルールが大勢のメスに共有されるようになったとしましょう。すると、尾羽の長いオスが選ばれて、やはり尾羽の長い大勢の息子をつくり……というふうに、世代を経るにしたがって、どんどん尾羽が長くなっていくはずです。やがて生活に支障をきたすような長さになっても尾羽は長くなり続けます。これがランナウェイ効果です。ついに尾羽は、オスが生きていけるぎりぎりのサイズに届き、そのあたりで一進一退を続けることになります。クジャクたちは生死のさかいで、生存と繁殖のトレードオフとたたかっているのです。

メスのクジャクたちが共有するルールは、なぜ世代がかわっていっても変わらないのでしょうか。人間のファッションの流行はどんどん変わっていくのに、鳥の世界はどうなんでしょうね。「尾羽が大きいとモテる」みたいに理不尽なルールは、いつか勇気のあるだれかが変えたりすることはできないものなのでしょうか。

それでは仮に、短い尾羽を好む少数派のメスがいたとします。彼女は尾羽の短いオスと交尾し、尾羽の短い息子をもつことでしょう。しかし、彼女の息子はつがいの相手を探すのにさんざん苦労し、子孫を残さず死に絶える確率はとても高くなります。こう考えると、「尾羽の長いオスを選ぶ」というのはメスにとって重要な戦略なので、メスの好み自体も自然淘汰の対象になるのです。

ほかに賛同者のいない自分独自のルールをもったメスは、うまく子孫を残すことができません。いちど「尾羽が大きいとモテる」というルールがクジャクの世界に浸透してしまうと、そのルールを変えようとする動きは適応度を下げるものとして淘汰されていきます。かくして過剰な装飾をつくる側（オス）とそれを評価する側（メス）双方は、よりトガっていくこととなるのです。

ちなみに、この性淘汰という現象が見られるのはクジャクだけではありません。アフリカに生息する Red-collared widowbird という小鳥は、オスの尾羽がとても長いのが特徴です。研究者のアンダーソンは、この小鳥のオスを捕まえて、その尾羽を半分くらいに切ってしまいました。[1] さらに、ほかのオスを捕まえて、さっきのオスから切り取った尾羽を接着剤でくっつけ、人工的に長くしてみました。すると、尾羽を人工的に長くしてもらったオスは前よりモテるようになり、切られてしまったオスはモテなくなる、というあからさまな結果が出ました。

Red-collared widowbird を対象にした研究は、その後も続きました。２００５年の実

1　Andersson による１９８２年の論文です。

験[2]では、オスの全長20㎝におよぶ尾羽のうち、先端の2㎝だけを切ることにしました。するとやはり、尾羽を切られたオスは、メスにモテにくくなりました。メスは1割程度の長さの違いにも敏感なんですね。その一方で、繁殖期のオスの健康状態を測定すると、尾羽を切られたオスのほうが、切られていないオスよりも健康なことがわかったのです！　そう、オスはモテる代償として、健康面での犠牲をはらっているのです。このように、その鳥の健康的な生活をさまたげることになっても、モテるための必須アイテムとして尾羽は存在する。この実験は、フィッシャーが理論的に確立した性淘汰という現象を、実際の生きものを使って証明したものです。

魚類でも、性淘汰についての同様な現象が確かめられました。進化生物学者のエンドラーは、トリニダード島で野生のグッピーの研究をしました。日本でも熱帯魚ファンにはおなじみのように、グッピーのオスは派手な、メスは地味なからだの色をしています。これはクジャクの尾羽とよく似た、典型的な性淘汰の結果です。グッピーの世界でもふつうの自然淘汰は敵からうまく逃げるサバイバル能力を高める方向にはたらきますから、派手な色をつくりだす性淘汰は、正反対の作用なのです。派手なグッピーはメスによくモテるけど、よく目立ってしまうため、天敵である大型肉食魚や鳥などに食べられる危険性が高い。そんなグッピーを、捕食者のいない人工的な環境で何世代も飼育すると、オスは野生で見られる以上にどんどん派手になっていくことがわかりました。野生環境でも、捕食者が多い川と少ない川で比較すると、捕食者の少ない川のオスのほうが派手だったんです。こんなふうに動物は、性的アピールと生き残りの、ぎりぎりのトレードオフのなかで生きているのですね。

コラム

ハンディキャップ理論

この章では、クジャクのオスが無駄に思えるくらい長い尾羽をもっている理由として、ランナウェイ効果を説明しています。これは、クジャクの尾羽のように日常生活に役立たないものでも、モテる効果を生み出すシンボルとして成り立ちうるという理論です。これはフィッシャーによって数学的に証明されていて、僕もこの説を支持しています。

2　Pryke と Andersson による 2005 年の論文です。

ところが、クジャクの尾羽が華美になった理由について、これ以外の説明もあります。クジャクのオスたちは、「俺は強いオスだ。だから、こんなにじゃまな尾羽をもっていても敵にやられずに生き残れているんだ。そういうよい遺伝子をもった俺と子どもをつくろうぜ」と勧誘している、という仮説です。これを**ハンディキャップ理論**といいます。この仮説にもとづくと、クジャクの尾羽は、実は潜在的な「生活力」をアピールするために存在することになります。一方、フィッシャーの「暴走」理論では、クジャクの尾羽には潜在的な生活力のアピールの意味はなく、ただモテるシンボルとしての意味しかないことになります。

いまもハンディキャップ理論を支持する科学者もいて、議論は続いています。ハンディキャップ理論は、「生物の形質はなんでもかんでもなにかの役に立つものだ」と思っていた19世紀のウォレスも提唱していたように、わりとむかしからある考え方です。

コラム　生物と「美しさ」

生きものの美しさについて、僕は科学と芸術の両方の側面から考えます。最新鋭の戦闘機を見ると、すなおに美しいと思います。より強く、速く飛び、自分を守り、敵を殺すという冷徹な目的のためにデザインされた戦闘機械。その性能をつきつめたとき、それは機能美を生み出します。「美しくしよう」という意識はないのに、結果として美しくなってしまうのが機能美です。戦闘機と同じように、ヒョウもイルカもハヤブサも機能美をもっていますね。生存のたたかいのためだけに自然淘汰が研ぎすました彼らのからだには、たしかに美が宿っているといえるのではないでしょうか。

人間も戦闘機械です。数百万年の人類史の大部分において、人間は生きるためにたたかい続けてきました。より強く、より賢く。こうして獲物を獲得し、ライバルを圧倒してきたのです。自然淘汰はそういう人間を好み、また人間の女性たちも、強い男たちを結婚相手に選ぶ美的感覚をもつにいたったのではないでしょうか。たしかに、背が高い**スポーツマンは現代でもモテモテ**ですね。そういう男性は、狩猟・採集の時代には高い生活力を示したことでしょう。スポーツマンをかっこいいと思う女性の美意識は、生活力に直結した機能美を評価するために発達してきたと考えるのは自然ですね。男性のほうも、女性の生殖能力と育児能力を表す特徴（適度な肉付きや目立つ乳房など）を美しいと感じるようになりました。これらの機能美を好む美的感覚は、人間の適応度を上げるものでした。

しかし生物界には、生活力とかかわりのない、クジャクの尾羽のような「美」も存在します。それはたしかに美しいのですが、持ち主にとっては、とても厄介なしろものですね。「機能美」の対義語として、このようなランナウェイ効果によって先鋭化した形質を「退廃の美」とよぶことも可能かもしれません。

それでは、人間にとっての「美しさ」とは機能美だけなのでしょうか。それともクジャクの尾羽のような、生活力をともなわない過剰な装飾を愛するこころももっているのでしょうか？　その両面をもつのならば、相反するふたつの基準はどのように配合されているのでしょう？　人間は奥深く、科学ではまだ解明されていないこともたくさんあります。僕もこれらの疑問に挑んでいこうと思っています(第8章で少しだけ考えます)。

性淘汰が生じるシチュエーション

性淘汰というコンセプトについて、もう少し考えてみましょう。性淘汰は、同性間の競争と、異性による選択によって生じる淘汰です。クジャクのオスの尾羽が長いのも、性淘汰の結果です。動物界の性淘汰では、競争するのはオス同士で、選ぶのはメスというのが主流ですね[3]。

性淘汰の結果としてなにが生じるかわかってきたのは、比較的最近、20世紀も後半にさしかかったころのことです。実に、ダーウィンの時代から1世紀も経っていたのです。1960年代、ハーバード大学のトリバースは、個体によって残す子孫の数に大きな差がある理由を調べる研究をはじめました。その研究は、性と繁殖に関連した形質がもたらす適応度の違いを調べることからスタートしました。特徴の違いによって適応度が大きく異なるほど、性淘汰は強いことになりますね。ひと握りの個体だけが大勢の子孫を残し、残りの個体は子孫を残さぬまま死に絶える。こういう過酷な状況で、自然淘汰

3　実は、メス同士が競争したり、オスがメスを選んだりする種もあるので、あとで少し考えてみます。

は強くなるからです。

ここで、オスとメスの違いを考えてみましょう。メスはどんなにがんばっても、一生のうちに残せる子孫の数にはかぎりがあります。ある程度の妊娠期間が必要で、一回に妊娠できる子どもの数もかぎられているからです。ところがオスは、条件がよければ、メスとは比較にならないほど多くの子どもを残すことが可能です。

なぜオスとメスで、つくれる子どもの数が違うのでしょうか。子どもをつくるために必要な「**投資**」という視点から、ほ乳類を例に考えてみましょう。理論上、動物のオスが子どもをつくるために必要な最小限の投資は、性交に使うわずかな時間と体力だけです。一方メスは、性交する時間と体力にプラスして、妊娠・出産という、オスの負担とは比較にならないくらいの時間と体力を投資し、生命のリスクまで冒さねばなりません。特にほ乳類はその名のとおり、乳房がついているのがメスであるがゆえに、メスが育児を担当せざるをえません[4]。もしメスが育児放棄するという形質が存在しても、それはすぐに淘汰されてしまうことでしょう[5]。

こう考えると、繁殖に必要な投資が、オスとメスでは大きく異なることがわかりますね。単純にいってしまうと、セックスはオスにとっては気軽なことでも、メスにとってはたいへん重大なことなのです。だから動物は基本的に、オスがメスをめぐってあらそったり、積極的にメスにアタックしたりするのです。メスはセックスの結果として訪れる妊娠・出産・育児にしばられるので、本質的に**性交渉のコストやリスク**が大きくなるのです。

オスにとっては、たくさんのメスと交尾するのが適応度を上げることになりえますが、メスの適応度の上限を決めているのは、自分の体力と時間であり、交尾するオスの数ではありません。メスの場合、配偶相手の数が増えても、一生で産める子どもの数はあまり変わらないのです。だからメスの戦略としては、**配偶相手の数ではなく、質を追求する**ことになります。このように、有性生殖する生物では、投資が少なくてすむほうの性（つまりはオス）が競争し、異性にアピールし、多くの異性と交尾しようとします。そしてメスは、交尾には相当な覚悟が必要であるため、相手をきびしく選ぶことになるのです。

4　オスが育児に協力するほ乳類もありますが、まれです。

5　人間は例外的な存在です。社会性があるため、他人の乳をもらったり、牧畜をするので動物の乳が手に入ったり、工業化した現代では粉ミルクを買ったりできます。たとえ母親が育児放棄しても、父親や親族が子どもを育てることも不可能ではありませんね。

図 6-1　育児が得意なヒレアシシギのオスは、メスからモテモテです。メスたちは、オスに選んでもらおうと必死にアピールしています。

さらに、交尾の相手を探しているオスとメスの数には差があります。基本的に動物のオスとメスの個体数の比は1：1なのですが、「性的に活発」、つまり交尾相手を探しているオスとメスの比は、1：1ではありません。妊娠中・育児中のメスが交尾をしない（性的に不活発になる）種は多く存在します。[6]しかし育児をしない種のオスは、いつでもほかの異性に対して性的に活発でいられるのです。ということで、性的に活発な個体の数は、メスよりオスのほうが多くなります。だから必然的に、オスはメスをめぐってあらそうことになるのです。

ときに、例外的な話ですが、オスだけが育児をする動物の種もあります。たとえばヒレアシシギという鳥は、オスが卵をあたため、ふ化したひなの世話をします。この場合、繁殖にかかるコストはオスのほうが大きくなり、その結果、メスがオスをめぐって競争し、オスを奪い合う、という行動をとります（図６－１）。このように、トリバースが考えた、投資コストの差によって性淘汰の強さが決まるという理論、つまり性淘汰が強くはたらくほうの性に競争が生じるという理論は、繁殖コストがオスとメスで逆転しているヒレアシシギでは、奪い合う側の性も逆転するという実例によって裏づけられています。

性淘汰――ほ乳類と鳥類の場合

子育てをする動物といえば、ほ乳類と鳥類があります。ほ乳類には、ゾウアザラシやライオンのように、**ハーレム**をつくる種が多く存在します。ハーレムの主はオスであり、彼らは基本的に育児に協力しません。オスはオス同士であらそい、ハーレムを維持した

6　人間は例外的です。これについてはあとで考えましょう。

り奪ったりすることだけに必死で、ハーレムのメスたちを妊娠させはしますが、育児には協力的ではないのです。メスたちはいわば「戦利品」としてあつかわれていて、メスがオスを選ぶ権利はないという状況です。このようにほ乳類には、オスが育児に無関心で、メスだけががんばる種が多く存在します。

一方、鳥類の子育ては、全般的に「男女平等」の傾向が強いといえます。ほ乳類と鳥類は、そのからだのつくりからして性淘汰の傾向が大きく異なります。ほ乳類はその名のとおり、母乳で子どもを育てるのが特徴です。そして母乳を出すのはメス。だから必然的に、メスが子育てをしないことには繁殖は成り立ちません。しかし鳥類には、ほ乳類の乳房のような「メスのからだに埋め込まれた育児装置」は存在しません。だから、オスとメスが対等の立場で育児にかかわることが可能なのです（もちろん例外も多々あります）。たとえば、カササギのオスは積極的に育児にかかわります。子育てが忙しすぎて、ほかのメスを探して交尾するような時間と体力の余裕がないからでしょうか、カササギのオスは地味な外見をしています。カササギのメスも、（多くの種類の動物と同じように）もちろん地味な外見をしています。カササギの場合、繁殖のための投資量はオスとメスであまり違わないので、性淘汰の強さが似ている。だからオスの外見が派手になったりしない、と考えることができるでしょう。

このように、カップルで子育てをする種類の鳥は、比較的オスとメスの外見が似ています。ツバメやペンギンなどの鳥をパッと見ただけでは、オスとメスを見分けるのはむずかしいですね（図6－2）。このような外見をもった鳥がカップルをつくるときは、お互いを対等の立場で選び、育児ではオスとメスは比較的平等にはたらくことが推察できます。一方で、クジャクなどオスが子育てしないタイプの鳥は、メスが一方的にオスを選びます。そしてオスは派手な格好をしています。このように「鳥の

図6-2　動物園や水族館に行ってみよう。ペンギンのオスとメスを、パッと見で見分けるのはむずかしい。

外見」と「オスの育児」には、深いかかわりが存在しています。これもトリバースの発見した性淘汰の理論を実証する好例ですね。

人間の性淘汰は複雑

さてさて、人間の恋愛と配偶者の選択について考えてみましょう。それには、進化生物学でいうところの性淘汰と深い関係があります。人間も、男性がクジャクのように着飾って、女性に選んでもらおうと努力しているのでしょうか。それともカサギのように男女の見た目の差はなく、平等に育児にはげむのでしょうか。あるいはライオンのように強いオスがハーレムをつくって、メスは「戦利品」としてあつかわれるのでしょうか。はたまたヒレアシシギのようにオスが育児をして、メスがオスを奪い合うのでしょうか……。実をいうと、これらのすべてが人間界に存在していると考えられます。人間の性淘汰がどのようなかたちになるかは、状況によって大きく異なるからです。すべてはシチュエーションしだい。環境によって行動パターンが大きく変化するのが、人間のおもしろいところですね。

古典的な恋愛観では、「プロポーズは男からしてほしい」なんて思う女性は多いらしいですね。これは、プロポーズを受けるか受けないかは、女性に決定する権利があるという婚姻システムだということができるでしょう。女性は複数の男性からプロポーズを受けて、そのなかから気に入った人を選ぶというシステム。男性は自分のすばらしさをアピールして、なんとか選んでほしいとがんばります。テレビドラマなどでもありがちなシチュエーションです。動物でたとえると、アオアズマヤドリみたいだと思います。[7]

これは別に、女性にとって有利なシステムではありません。どちらかが一方的に有利になるようなシステムは、自然界でも人間の社会でも成り立ちえないのが基本です。ということは裏を返せば、結婚前は男性のほうががんばり、結婚後は女性の負担のほうが大きくなることでバランスがとれているのかもしれませんね。結婚前は、男性が必死にアピールして女性をお姫さまとしてあつかう。結婚後は、家事も育児も手伝わない亭主関白。こういう古典的な恋愛観・結婚観はクジャクに似た婚姻システムであり、この場

7　アオアズマヤドリのオスは、メスに気に入ってもらうために建造物（あずまや）をつくり、そこを青い花などでいろどることからこの名が与えられています。その建造物はメスをよび込んで交尾するための専用の場所で、産卵や育児に使うためのものではないのです。

合も男性と女性の負担のバランスがそれなりに保てているのでしょう。

もう少し現代的な結婚観を考えると、結婚と育児のコストは、男女間で伯仲していることが多いような気がします。男性と女性は、比較的対等な立場で家事や育児を分担し、外で働いたりする。実際の育児を担当するのは女性が主体であることのほうが多いんですが、なかなかどうして、外で働いて給料を稼いでくる男性もたいへんです。こういう状況は、カササギやペンギンなどの婚姻システムに似ているような気もします。そうなると男と女は、比較的平等に相手を選びあう。女性は見た目を着飾って、男性は立派な車に乗ってアピールする。結局お互い、同じくらいのコストをかけているのかもしれませんね。

人間の進化の特殊性——組み込まれた性善説

動物のオスにとって、玉石混交でもよいから配偶相手の数を稼ぐという戦略が有効な場合も多くあります。自分が妊娠させたメスと一緒に暮らし、そのメスと何回も性交したとしても、彼女はすでに妊娠しているわけで、自分の適応度が上がるわけではありません。それなら、外に出かけてほかのメスを妊娠させるほうが合理的、ということですね。こういう男は人間の道徳で考えると最悪ですが、動物の世界ではわりと当たり前です。たとえばクマとかトラとか、単独行動する肉食動物のオス。発情期にはメスに興味を示し、メスを探して追いかけて交尾を試みます。しかし交尾がおわったとたん相手のメスに興味を失って、当然のように彼女のもとを立ち去り、ほかのメスを探しにいくのです。

ところが人間には、安定した結婚関係をもつという特徴があります。人間の男性にも浮気をする衝動がないわけではないのですが、浮気はモラル的にわるいと感じるように社会的に教育されています。これは、人間という種が、ぎりぎり（絶妙な？）のバランスで繁殖していることの例です。人間が結婚すること（安定した家族関係をもつこと）は、**育児のたいへんさ**と深い関係があるといわれています。人間の育児は長い。赤ちゃんは、ほかの動物の基準からすると未熟児の状態で産まれる。特に乳幼児期の子どもは常に親の保護を必要とする。出産後十数年経ってようやく、子どもはひとり立ちできるようになる。そう、人間という生物は、お母さんひとりで育児できるようにはなっていないのです。それならば、お父さんとしても育児に協力したほうが、お父さんの適応度が高まることになります。[8]

最近の研究で、男性は、自分の子どもが生まれると**テストステロン**の分泌量が減少し、育児に向いた「家庭的な性格」を示すようになることがわかってきました。[9] テストステロンは、いわゆる男性ホルモンのひとつ。男性の性欲や性衝動が生じるのは、テストステロンのせいです。テストステロンは、男性の行動に強い影響をおよぼします。テストステロンの分泌量が増えると、男性は荒々しく、怒りっぽく、好戦的になります。その反面、危険をかえりみず積極的な行動を選択するようになるため、いわゆる「男らしい」、ワイルドな雰囲気を出すようになります。というわけで、配偶者を探す年ごろでは、テストステロンを大量に出し、ライバルとあらそってでも配偶者を獲得するほうが適応的です。ところが、テストステロン値が高い男性の行動は、あまり育児には向きません。それは浮気の衝動にもなりえるので、夫婦関係にもよくありません。なので自然淘汰は、自分の子どもが生まれるとテストステロンが減るような生理現象を選択することになったのです。日常的な雑談で「**彼は結婚して性格が丸くなったね**」なんていったりしますね。これは、それなりに科学的根拠のある観察で、その背後には性に関する進化と自然淘汰が存在しているのです。

男は原始人の時代から、育児を部分的に担当し、妻と円満にやっていくという役割が必要とされてきたのでしょう。それができる男が多くの子孫を残してきた。だからそれは、生物進化の過程で男の本能に刻まれてきたともいえます。現代のモラルにも合致する「家庭的なよい夫」になるという現象は、遺伝子にも組み込まれているのですね。

さらに、人間は「社会的な生きもの」といわれるように、グループで生活するのが基本です。特にむかしは、核家族ではなく、親戚やなかまとかたまって住んでいました。それは、狩猟や戦争、猛獣の撃退、さらには育児にも役立ったことでしょう。ですから、社会をうまく運営し、なかまたちとうまくやっていくというのも、人間の男に求められた条件でした。なかまたちとなるべくケンカせずに、お互いの権利や立場を尊重する必要があります。これに関して、最近の研究でおもしろいことがわかってきました。男性は、**親友の妻には性欲が湧きにくい**らしいのです[10]。それは、彼が同性のなかまとうまく

8　自然淘汰の理論で考えると、むかし、人間のお父さんには、育児を受け入れるタイプと、どうしても育児が苦手なタイプがいたことでしょう。前者のお父さんの遺伝子は繁栄し、後者の遺伝子は数を減らした。というわけで社会の多数派は、結婚して育児するお父さんが占めることになったのです。

9　Gettler らによる 2011 年の論文です。

やっていくことに貢献してきたことでしょう。

社会の平和に役立つこのような心理も、自然淘汰によって生まれてきたと考えられます。これは、生物としてたいへん興味深い現象です。男性が適応度を上げるためには、あとさき考えずだれとでも性交渉するのではなく、急がば回れ的に、シチュエーションに合わせて性欲を抑えることが結果的に適応度を上げる（子孫が繁栄する）のにつながるのです。原始人の時代から、人間の社会ではこういう分別が適応度を上げてきたからこそ、本能的な性質として人間に備わるようになったのでしょう。まさに、本質的なモラルは遺伝子に組み込まれている！　そう、なにを道徳的に正しいと感じるかという人間の心理自体も、自然淘汰によってデザインされているのです[11]。

惚れっぽいのは男か女か？

その人とは仲良しだけど、恋愛を意識したことはありません。いつも一緒にいるグループのなかのひとりにすぎません。でも突然、その人が告白してきました。青春ドラマでありそうなシチュエーションですね。実はこういうことにも、生物進化にもとづいた説明があったりします。

最近の研究[12]では、友人関係にある男女では、男性が女性に恋心を抱く確率のほうが、女性が男性に恋心を抱く確率より高いことがわかりました。さらに、異性が自分に好意をもっていると誤解する確率は、女性よりも男性のほうが高いことも示されました。男性は女性よりも、「異性の友だちが俺に惚れている」という誤解を起こしやすいということですね。

こんなふうに、男女の友だち関係では、男性のほうが恋愛を意識することが多いようです。これも性淘汰の話に深く関連しています。男性は、性のパートナーを増やすことが適応度を上げるのに直結しますが、女性にとっては、パートナーの数が増えてもあまりメリットはないからです。というわけで、男性のほうが惚れっぽく（？）できているといえるのではないかと考えられます。「ただのお友だちでいましょうね」という無難

10　Flinn らによる2012年の論文です。
11　これについては、第7章と第8章でも詳しく考えます。
12　Bleske-Rechek による2012年の論文です。

な断り方をするのは女性のほうが多いのは、ある意味当然だったのです。

精子競争

この章では、配偶者を獲得するための競争と、その結果生じる性淘汰について考えています。実は性淘汰は、配偶相手を獲得するための競争でおわるわけではありません。性淘汰は交尾のあとにも続くのです。それは**精子競争**という現象です。それは、複数のオスが放出した精子が、メスの卵を受精させようと競うこと。メスが短期間で複数のオスと交尾する場合にこれが生じます。最終的に適応度を決定するのは、どのオスの精子がメスの卵を受精させるかということですから、精子競争は性淘汰の最後の段階ということもできますね。

単純に考えて、ほかの個体より多くの精子を注入すれば、自分の精子がメスの卵を受精させる確率が上がります。これがもっとも基本的な精子競争です。あるいは、精子がより早く泳ぐことや、なんらかの方法で他人の精子を妨害することでも精子競争は可能です。精子競争は、体外受精をする魚類でもよく見られます。メスの産卵と同時にオスは放精しますが、その瞬間、大勢のオスがメスを取り巻いて、あらそって受精させようとします。サケの産卵は典型例ですね。こういう行動がよく見られる種ほど、精子をつくる精巣のサイズ[13]が大きくなることが知られています。

ほ乳類の場合でも、**睾丸のサイズ**[14]は精子競争の強弱を表しています。競争相手より大きな睾丸をもっていればたくさんの精子を生産できるため、精子競争で有利になる。だから自然淘汰は、大きな睾丸を選ぶのです。たとえばサルのなかまで、人間・ゴリラ・チンパンジーの睾丸の大きさを比べてみましょう。チンパンジーは特定のパートナーをもつことなく、群れのなかで乱交するため、精子の数が多いほど精子競争で有利となり、睾丸の相対サイズが大きくなっています。ゴリラは乱交せず、メスは決まったオスに性的に支配される仕組みをもっているため、睾丸を大きくする淘汰圧ははたらきません。ゴリラの場合、睾丸にまわす栄養があれば、筋肉にまわすほうがいいのかもしれませんね。ヒトの睾丸の相対的なサイズは、ほかの霊長類と比べたら平均的で、チンパンジー

13　からだのサイズと比べた相対的なサイズです。
14　これもからだのサイズと比べた相対的なサイズです。

とゴリラの中間にあたります。このことから、人間は特別に激しい精子競争にさらされているわけではないことがわかります。よって、人間はもともと、乱交型の社会を営んでいない（そういう社会には適応していない）ことが示唆されます。かといって、ゴリラほど性的に安定したパートナー関係を築いているわけでもなく、精子競争もときたま起こってきたとも推測されますね。

オスとメスの緊張関係

「オスとメスは種の存続のため協力して子孫をつくる」という考え方がありますが、それは幻想です。この本で学んできたように、自然淘汰の絶対的なルールの前には「種の存続のため」という考え（いわゆる群淘汰）は成り立たず、個体はみんな、自分の運転手である遺伝子を繁栄させるために行動しているにすぎません。同じ種の生物でも、個体によって運んでいる遺伝子が違うので、個体同士はあらそうのです。同様に考えると、個カップルを構成しているオスとメスも別の個体なので、それぞれ別の個体として自分の遺伝子を繁栄させるような行動をとります。カップルは子育てなどで協力関係にありながら、その関係性は緊張をはらんでいるのです。たとえば、嫉妬はカップル間に生じる負の感情の代表例です。

「生まれた子の父親はだれか」という問題があります。人間の女性の場合、自分のおなかで育て、自分のおなかを痛めて産んだ子は、あきらかに自分の子であることがわかります。しかし男性の場合、妻の産んだ子が自分の子であることを厳密に証明するのはたいへんむずかしい。[15] もし、自分の子だと信じていた子どもが他人の子だった場合、その子を養育する男性の適応度は大幅に下がります。だから男性は、女性よりもはげしく嫉妬する傾向をもっていて、妻の浮気を止めようとする。このようにして、他人の子を養育するリスクを減らそうとするのです。

女性のほうは、何人の男性と性交したとしても、自分がおなかを痛めて産んだ子は自分の子です（病院での取り違えなどが起きないかぎり）。女性自身も自分の子の父親がだれだかわからない、なんてこともあり得ますが、[16] たとえそんな状況でも、その女性が

15　遺伝子検査が実用化された近年では、それが可能になりましたが。
16　ミュージカル『マンマ・ミーア』はそういうお話ですね。

図 6-3　いつも一緒のオシドリのカップル。派手な色をしたオス（奥）が、メスのそばを離れません。メスがほかのオスに奪われないように、配偶者防衛をしているのかもしれません。(c)IMAGEMORE/amanaimages

産んだ子は彼女の遺伝子を受け継いでいることには変わりがないのです。ちなみに、女性にも嫉妬心があり、妻は夫の浮気をいやがるのですが、それは男性の資源（現代でいうとお金や時間）を浮気相手とその子に奪われることで、自分や自分の子への分配が減ること（場合によっては分配がゼロになる、つまり捨てられる）のがいやだからです。

動物の世界を見ていても、ゾウアザラシやライオンのオスは、びっくりするくらいやきもち焼きです。オスのやきもちを生物学の専門用語で**配偶者防衛**といいます。それは、オスが常にメスのそばにいて、ほかのオスから隔離するという行動にあらわれます。しかしゾウアザラシやライオンのメスのほうは、オスにやきもちを焼いているようには見えません。そもそも育児を期待していないからではないでしょうか。「**おしどり夫婦**」という言葉があるように、オシドリはとてもカップルの仲がよく、いつも一緒にいるように見えます（図6－3）。ところがこれ、生物学的に考えると、配偶者防衛なんじゃないかと思います。オスはメスの浮気を心配してつきまとっている。人間の感覚から見た仲むつまじさと、一緒にいる実際の理由はかけ離れているのかもしれませんね。

さらに、オシドリのオスはメスより派手な色をしています。ここから推測できるのは、オスの羽根の色は性選択の結果だということであり、そうするとオシドリには、オスがメスに選ばれるという婚姻システムが存在することになる。ならばオスよりメスのほうが繁殖コストが高いことになる。よって、メスが主に育児を担当すると考えられ、オスは機会があればほかのメスと交尾するチャンスを狙っている、ということになっていきます。

実はオシドリは、人間のモラルからすると「模範的」な夫婦じゃないのかもしれませんね。オスとメスで見た目があまり変わらない種類の鳥のほうが人間の基準からすれば模範的なので、仲のよい夫婦は、オシドリ夫婦じゃなく**ペンギン夫婦**というほうが適切な表現かもしれません。このようなことを書くと、みなさんのオシドリに対する見方が変わってしまうので、僕はオシドリにうらまれるかもしれませんね。

嫉妬やジェラシーは、人間のもつ感情のなかでも特に強いものです。そういう感情が人間に定着した理由は、その感情が人間の適応度を上げてきたから、そういう感情を引き起こす遺伝子が自然淘汰で選択されてきたからですね。このように、進化生物学では嫉妬やジェラシーの存在理由をドライに説明しますが、その渦中の当事者にはたまったもんじゃありませんよね。

睾丸の相対的な大きさからも推測されるように、人間は完全に割り切って乱交型の生活をおくることはできない一方、状況によっては浮気をするようにできています。社会的な一夫一妻制度がリアルな一夫一妻を意味すると簡単にいうことはできません。人間とはそういう生物なのです。[17] 人生という劇場で、遺伝子に与えられた役を必死に演じ続ける。これは悲劇であり、同時に喜劇かもしれません。

興味深いことに、人間は社会をもち、その社会にはルールがあり、ルールを破った個体は社会からペナルティを課され、その結果、適応度が下がるという特徴があります。このように、社会のルールにしばられている人間のオスは、なんのリスクもなく浮気できるわけではありません。この社会のルールは、最近になってできたモラルというわけではなく、原始人のころから存在していたのでしょう。その証拠が、たとえば137ページの、「なかまの配偶者には性欲が湧きにくい」という話です。オスとしてもそのルールに従ったほうが得である（適応度が高まる）ため、それが本能に組み込まれているのです。端的にいえば、状況によっては浮気をするのも本能的な行動ですが、浮気をしないのも本能だといえます。人間という動物は、このふたつの本能のはざまで生きているのです。

コラム

本能のせめぎあい、そして夏目漱石

生物は相反するふたつの本能のはざまで生きている。僕たち人間も例外ではありません。ふたつの相反する本能が、自分のなかでたたかっています。これを「**葛藤**」とよぶ

17　人間にかぎらず、すきあらば浮気してやろう、とオスもメスも考えている動物は数知れません。

こともできますね。マンガの世界では、自分のなかに住む天使と悪魔がたたかうようなイメージで描かれたりします。葛藤のすえ、どちらの本能が勝ち、どのような行動をとるのかは、そのときどきの状況しだい。状況によっては、人は常に「モラル的に正しい」行動をとるとはかぎらないのです。

人間の浮気も、ふたつの相反する本能のせめぎあいの結果だといえるでしょう。男性は親友の妻にはあまり性欲が湧きにくい、という研究について紹介しましたが、これはいつでもどんな状況でも成り立つわけではありません。たくさんの男性を調査対象とした場合の全体的な傾向としては成り立つのですが、個人差も激しいため、親友の妻を略奪するような男性も存在するわけです。そういう人を主人公に描いたのが、夏目漱石の『それから』。文学作品として僕もたいへん評価していますが、早い話がこれ、親友の妻を略奪する話。主人公は果てしなく続くかに思える葛藤のすえ、親友の妻を奪ってしまいます。その結果、主人公は友だちを失い、親兄弟にも縁を切られるなど、大きな社会的制裁を食らいます。しかし彼は、そうなることは百も承知のうえで、親友の妻に対する愛情を選んでしまうのです。

僕たち人類は、まさにこのような葛藤を石器時代のむかしからくり返してきた。そして、「社会のモラル」に反した行動をとった男は、ペナルティを食らい適応度を下げたことでしょう。しかし、浮気を引き起こすような性衝動をつかさどるホルモンには、バイタリティを上げるなどのプラスの作用もあるため、こういう行動をとる心理は、完全に排除されるにはいたらなかったともいえます。夏目漱石は生物学の専門家ではありませんでしたが、人類の普遍的な悩みをテーマとして選びました。[18] こういう直観がはたらくのが、彼が文豪とよばれるゆえんかもしれませんね。生物進化を学ぶと、文学や音楽やそのほかのアートに触れても、生物や人間の本質に思いをはせるようになる気がします。

男と女の軍拡競争

男性の場合、「たくさんの女性と性交し、大勢の子孫を残すが、育児の責任は負わない」という状況が、適応度をもっとも高めるでしょう。だから男性は、責任感をもたずに性

18　夏目漱石は19世紀末にイギリスに留学していました。ダーウィンの生物進化がイギリスの新聞などをにぎわせていたのは19世紀後半ですから、現地の雰囲気にふれる機会はあったかもしれませんね。

交のみを目指すこともありえます。そういう戦略では、男性は外見をよくしたり、ウィットに富んだ会話をしたり、その場かぎりの甘いウソをつくことなどが有利にはたらく。いわゆる「**遊び人**」のできあがりです。では、女性のほうは、遊び人の男性にだまされるだけでがまんするしかないのでしょうか。

そうではありません。性淘汰は、クジャクみたいにオスを魅力的にするのに加えて、メスが相手を見きわめてウソを見破る能力も発達させてきたのです。注意深く慎重なメスに選んでもらうためには、オスは誠実でなければなりません。誠実なオスがメスに選ばれて子孫を多く残せるということは、浮気をしない戦略が有利になりうるということです。

しかし、オスのほうもバカ正直に誠実さを売りにしているだけとはかぎりません。たとえば突然変異などで、誠実そうに見えるけど実はウソをつくのがすごく上手、というオスが出てくるのです。すると、それをさらに注意深く見破るメスが出てきます。このように、オスとメスは、お互いを出し抜こうとヤイバを研ぎ続けている状態なのです。これは、比喩的な「**軍拡競争**」の関係にあるともいえますね。こういう心理的に高度なやりとりが人間の知能を高めた、なんて考える学者もいるようです。

ここでは、男性と女性のあいだにある緊張感についてお話ししていますが、人間のすごいところは、両性の利益がなるべく一致するような仕組みをつくりだし、それを次世代に伝えたり、ほかのグループに伝えたりすることです。[19] たとえば、**安定したカップル関係**（現代ではそれを結婚とよぶ）という仕組みは、男女両方の適応度を上げてきたからこそ、原始時代から何十万年も続くルールとして定着してきたのでしょう。そのルールに適応した形質が遺伝子に組み込まれていることからも、結婚という制度の歴史の長さがわかると思います。

動物に見られる多彩な性のかたち

浮気は、オスにとって有利なだけじゃなく、メスにとって有利なこともあります。アメリカコガラという鳥のメスはたまに浮気をするそうですが、その浮気相手は、ふだん一緒に過ごすパートナーであるオスよりも、大きななわばりをもつなど、社会的な立場

19　文化が次世代に伝わることを「垂直伝播」、ほかのグループに伝わることを「水平伝播」といいます。

が上のオスであることが多いそうです[20]。それは、パートナーよりも優れた遺伝子をもらうためでもあり、より強いオスからなんらかのメリット（たとえばエサをもらったり、なわばりを使わせてもらったり）をもらうためでもあることでしょう。

少数派ですが、**一妻多夫制**を採用するほ乳類もいます。ある種のサルの生存環境は苛酷なため、オスとメスの一匹ずつでは、育児に必要なエサの確保ができないのです。だから一妻多夫制がとられ、複数のオスが、一匹のメスとその子を養うという仕組みが成り立っているのです。人間の社会にも一妻多夫制が存在することがあるとのことです。たとえば、ブータンの狭くてやせた土地に住んでいる人たちは、男兄弟ふたりでひとりの妻をもつことがあるらしいのです。男ふたりでやっと嫁ひとりを養えるくらいしか収穫がないというきびしい環境が、こういう制度を存在させているのでしょう。ちなみに、他人ではなく男兄弟で一妻多夫をするというのは、たとえ自分自身の子はつくれなくても、兄弟は自分と遺伝子を共有しているから、その子の世話をすることはまったくの無駄ではない、という理由によるのでしょう。

同性間競争と利己的な遺伝子

同性間競争とは、同じ種の同性の個体同士が、異性をめぐってあらそうことです。[21]
たとえばライオンを例にあげると、通常は一頭もしくは数頭のオスがハーレムのメスたちを独占していますが、たまにほかのオスがやってきてそのハーレムを乗っ取ろうと攻撃をしかける、という同性間競争があります。そのとき興味深いことに、若いライオンよりも年老いたライオンのほうが、ケガをするリスクを冒してでもアグレッシブにたたかうようです。

この行動にも、進化生物学の観点からの説明があります。若いライオンなら、これから先の長い人生で、楽にハーレムを獲得できるラッキーなことがあるかもしれないし……、これからもっと大人になってさらに強くなれば余裕で勝利できるかもしれないし……、という可能性をもっていますから、いまは大きなリスクを冒さないのが有効な戦

20　Smithによる1988年の論文です。

21　同性間競争のなかには、命がけのたたかいもあれば、「せいくらべ」みたいな血を流さずに済む競争もあります。後者のようなものを、儀礼的闘争といいます。

略になります。

一方、年老いたライオンは、これから先の人生は短いから、ラッキーなことがある確率は低くなるし……、これから自分の体力は落ちる一方だし……、たとえ致命傷を負うようなリスクを冒しても、いま全力で勝負を賭けるのがよいという戦略にいきつくことになるのです。

ちなみに、「種の保存のため、同種間では死にいたるほどのケンカはしない」と考える人もいましたが、それは現在ではすっかり否定されてしまった群淘汰という考え方になります。激しいケンカをするかどうかは、種の保存とは関係なく、その個体にとってのリスクと利益のバランスによるのです。それがよくあらわれている例が、ここで考えた年老いたオスライオンのお話ですね。

この章のおわりに――現代人と性淘汰

この章では、性がどのように生物の生きざまに影響を与えているかを考えてみました。性は、すごく大事なことです。そして性は、人間にとって（おそらくほかの多くの動物にとっても）、いろんな悩みと苦痛の原因です。なぜ性衝動があるのだろう？　なんてことを思春期に考えたことのある人は多いかもしれません。進化生物学の理論はドライですが、それが僕たち個人にあてはめられたとき、どのくらい冷静に受け入れられるかは僕たちの気持ちしだいですね。

この章では「**浮気**」の生物学的な意味についても考えました。人間の場合、浮気をするのは男性とはかぎりません。女性だって浮気をすることがあります。もし結婚相手が無精子症などの場合、浮気をすることで子孫を残せるならば、それは適応度を上げることにつながるかもしれません。無精子症は、夫が気づいていないだけで、わりとよくある病気です。ひとむかし前までは、人間はだれが子どもの父親かをはっきりと断定する方法をもっていませんでした。そのような環境下では、女性が浮気をすることの合理性はある程度高いといえるかもしれません。

しかし現代では、遺伝子検査が実用化され、生物学上の父親を断定できるようになりました。現代において浮気相手の子を生むことは、それがばれるリスクを考えると、それほど適応的ではないのかもしれません。

このように、どのような戦略がベストかは周囲の環境の変化によって変化していきます。そう、遺伝子検査などのテクノロジーの発達も、人間という生物にとっての「環境」のひとつなのです。

テクノロジーの発達って、ほかの生物にも深い意味をもっています。たとえばアルマジロでは、むかしは敵に追い詰められると丸くなって身を守る戦略が適応的だったけど、自動車の普及によってその戦略の適応度が下がってきました。オオカミが相手なら丸くなることで身を守ることが可能ですが、道路を走るトラックが相手だとその戦略は無力です。トラックが相手なら、その場で丸くならず走って逃げるべきなのです。人間でもアルマジロでも、テクノロジーの発達のために環境条件が変化し、自分たちの戦略の適応度が変わります。トラックがビュンビュン走るアメリカの高速道路のそばに住むアルマジロは、そのうちに、敵に追われたときに走って逃げるタイプ・からだの外側の「よろい」が薄く身軽なタイプが自然淘汰で優勢になっていくかもしれませんね。同様に、人間の性行動もこれから変化していくかもしれません。

第７章

生命ってなに？　なんのために存在する？

哲学・宗教と生物進化

ダーウィンの思想は……

僕たちのもっとも根本的な信念の織物を切り裂いてしまう

これはダニエル・デネットという現代の哲学者の言葉です。デネットは、ダーウィンが説いた生物進化の理論が、哲学の根本的な土台をひっくり返す可能性について、率直にこう述べました。僕はデネットをたいへん高く評価しています。哲学者としては例外的なほど、異分野での発見のもつ意味を理解しているからです。現代では、哲学は**人文科学**という学問の世界に体系づけられていて、生物学のふくまれる**自然科学**との接点はあまりありません。学者たちがそれぞれの分野に特化して、ほかの分野に無頓着になりがちなのは、現代の学問がかかえる問題かもしれません。

なかでも、哲学のプライドは特に高いというのが僕の感想です。なんせ、**哲学**（philosophy）という言葉は、**科学**（science）や**生物学**（biology）が現在と同じ意味で使われるよりずっと前から使われていましたから、その伝統がプライドに変わるのかもしれません。[1] たとえば、物理学の基礎をつくったニュートンは、彼の時代の肩書きとしては、科学者ではなく哲学者とよばれていたのです。ちなみに僕は、ハーバード大学の「**Ph.D.（doctor of philosophy**、直訳すると哲学博士）」という学位を授与されています。僕の専門は生物学でしたが、この学問分野は真理を追究する学問だと認定されているがゆえに、いわゆる「哲学博士」を与えられたのです。工学・農学・医学といった実用的な学問では、この学位はもらえないのが基本です。欧米での哲学の立ち位置がわかる一例です。

　そんなかんじでプライドの高い哲学ですが、さらに上位とされる学問がありました。それは宗教学（たとえば神学など）です。そのむかし、ヨーロッパでは「哲学は神学の『はしため（下女）』」とさえいわれていました。神学こそが最高の学問であり、哲学は神学をサポートするための学問であるとみなされていたのです。たしかに、キリスト教における絶対的な存在としての神さまを信じるならば、学問の序列のいちばんはダントツで神学ということになるんでしょうね。世界をつくったのが神さまであれば、そして人間をつくったのが神さまであれば、自然のこと・物理や数学の法則を知りたいときは神さまのことを考える。人間の生きる目的を知りたければ神さまのことを考える。そういう理屈になっていくのは自然なことなのかもしれません。

この章では、生物進化の理論と既存の宗教や哲学を比較しながら考えていきます。「生命ってなにか、人間とはなにか」という根源的な問いについて、生物学者も宗教学者も哲学者もそれぞれの立場で考えてきましたが、これまで総合的な理解はあまり進んでいませんでした。学者たちが真剣に生物進化と向き合えば、哲学や宗教を根本からくつがえすような、まさに学問の下剋上が起こるかもしれません。

1　philosophy の語源を英語にすると「love of wisdom」です。直訳すると「知恵への愛」。字義どおりに解釈すると、なんらかの科学的真理を追究している研究者はみんな哲学者ってことになりますね。

生命は神さまがつくったのか⁉

それではまず、宗教と生物進化の関係について考えてみましょう。神さまを信じる人は、自然や生物についてこのように考えるかもしれません。「生命には秩序や規則性がある。たとえば、ほ乳類にはいろんな動物がいるが、共通のデザインをもっている。骨格や器官の構造にも共通性がある。いきあたりばったりでなく規則性を考えてつくられたように見えるから、神さまのすばらしい計画性がわかる」、なんてことをいう人がいます。彼らは、ただの偶然でこんなにすばらしい生命が生まれるわけがない、などという理屈で生物進化を否定します。はたして、地球上にいろんな生物が存在する理由は神さまによる創造なのか、それとも生物進化なのか。これは、ダーウィンの時代から今日まで、大きな問題になっています。[2] 生物進化の理論には、既存の宗教と真っ向から対立する部分が多いからです。

「虫も花も小鳥も、生物はみなすばらしい。それらは人間がつくる機械に似ているが、機械よりもはるかに精巧だ。ということは、人間と同じような目的意識をもった存在、しかも人間よりも優れた存在が、これをつくったに違いない。それはつまり神なのだ」

こういう考え方で生物進化を否定する人もいます。目的をもった創造者がいなければ、複雑な生物が生まれるはずはない？　はたしてそうなのか、冷静に考えてみましょう。

「進化とは偶然の寄せ集めだ。それは、ゴミ捨て場に嵐が来て部品がゴチャゴチャにかき混ぜられて、偶然にジェット機ができあがるような荒唐無稽な主張だ」――これも生物進化を否定する人がよく用いる論法です。たしかに、生物進化は偶然の積み重ねによって成り立っています。突然変異や有性生殖の際の遺伝子のシャッフルはランダムに生じます。それだけで複雑な生物が誕生すると考えるのは無理があると僕も思います。

しかし、ここで忘れてはならないことがあります。たしかに突然変異は偶然ですが、それを取捨選択する自然淘汰には方向性があり、決して偶然ではないということです。これについてのドーキンスのたとえ話を紹介します。4ケタの金庫の暗証番号を、あてずっぽうで当てようとする泥棒がいたとします。この場合の組み合わせは10の4乗なので、1万とおりになります。これをひとつひとつ試していったのでは時間がかかりすぎて、この泥棒は警備員につかまってしまうでしょう。運がわるければ、最大で1万回の

2　たとえばアメリカでは、学校の授業で生物進化だけでなく神さまによる生命の創造も教えるべきだ、なんて主張をする人もいます。

トライが必要になりますから。

ところが、こんなタイプの金庫があったとしたらどうでしょうか。最初の1ケタが合うと、ドアのすき間からコインが少しこぼれ落ちてくる。これによって泥棒は、1ケタ目の正解を知ることができる。次のケタが合うと、また新たにコインがこぼれ落ちる。これをくり返していけば、最終的に4ケタすべての正解を見つけられる。こういうタイプの金庫なら、どんなに運がわるくても、最大でたった40回のトライで、泥棒は正解を見つけられるのです。[3]

このように少しずつ「ごほうび」をもらいながら正解に近づいていくタイプの課題ならば、複雑な「答え」を見つけるのも楽なものです。そしてこれこそが、複雑な生命が生じ得る原動力なのです。生物進化の過程での「ごほうび」は、適応度の向上です。ランダムに生じた突然変異のうち、たまたま適応度が高くなった形質は生存と繁殖に有利にはたらくため、多くのコピーを次世代に残すのです。このように、少しずつ有利な特徴が積み重なって生物が進化していくことを、**漸進的《ぜんしんてき》な進化**といいます。この考え方によって、複雑な生きものが進化で誕生したことを説明できるのです。

コラム　僕と宗教

僕は科学者としてこの本を書いていますが、実は宗教とは深い因縁をもっています。僕が小学生のころ、母が突然、新興宗教にはまったのです。その宗教は、いわば「原理主義」ともいえるような思想をもっていて、はるかむかしに書かれた聖典を字義どおりに解釈するという方針をとっていました。というわけで、生物はすべて神さまがつくったもの、生物進化は悪魔の教え、なんて考えるのがその宗教でした。そして、その宗教を信じない人は「もうすぐ神さまに滅ぼされる」というふうに教えられていたので、母は僕に、必死にその教義をたたきこんでいきました。僕は母を悲しませたくない一心で、自分をだましながら、その宗教の教義を自分に押しつけて成長しました。

僕は20代まで、この宗教の教えの影響を受けていました。26歳のときに一念発起して

3　もちろんこんな金庫をつくる職人はいませんね。これは純粋なたとえ話です。

アメリカの大学に入り、はじめて生物学をきちんと学ぶ機会を得ました。大学で学んではじめて、現代の生物学はすべて生物進化を土台として成り立っていることを知ったのですが、当初僕は、感情的な理由でそれを受け止めることができませんでした。しかし学問を進めていくにつれて科学的思考の合理性がわかってきて、ついには自分の思い込みが間違いだったと痛感することになったのです。

いちど考え方が根本から変わってしまうと、思考は霧が晴れたようにすっきりし、生物学のおもしろさにのめりこんでいきました。その後は大学院に進学して博士号を取得し、生物学を教える大学教員にまでなりました。われながら、すさまじい立場と思想の変化を経験しています。「宗教から科学へ」という変化を大人になって明確に体験したのは、ある意味貴重な経験でした（宗教の影響で失った時間もまた非常に大きいのですが）。そんなわけで、僕は進化生物学に関するこの本を書く適任者であると同時に、宗教と科学の比較を人に伝える使命をもっていると思っています。

コラム　偶然と必然のはざま

この本では、生物に見られる形質は適応度を上げるうえでなんらかの意味をもつという視点を基本に学んでいます。たとえば、空を飛ぶことは適応度を上げる効果をもつからこそ、トンボもハトもコウモリも、それぞれ独立して空を飛ぶという形質を獲得してきたわけです。

しかし、生物の特徴には、純粋に偶然の作用で誕生し、特に適応度を上げもしなければ下げもしないものも多くあります。たとえば巻貝のカラの巻く方向。多くの巻貝は右巻きのカラをもっていますが、左巻きではなく右巻きが多数派であることに合理的な理由はありません。巻貝というものが生命の歴史で登場したとき、たまたま最初の個体が右巻きだったから、というだけのことなのでしょう。単純に偶然に支配されているのです。

人間には右利きの人が多いのですが、これも偶然ですね。「左利きの人のほうが多く、たまに右利きの人がいる」という人口構成になることも十分あり得たのです。このように生物の特徴には、実はそれほど適応度に関係がないものも多いんです。

自然淘汰は複雑なものをつくりだす

眼は、たいへん複雑な構造をしています。かたちや素材の違ういろいろな組織が組み合わさって、眼は機能しています（図7－1）。「この複雑さは、神さまが生物をつくりあげた証拠である。なぜならこういうものは、神さまのように知性をもった存在が計画を立ててつくらなければできないからだ。もしも眼が進化で生まれたのならば、生物は、たとえば角膜だけをもつ時期を経験しなければならない。しかし角膜だけではなんの役にも立たないから、そんなものは進化では生まれない。すべての組織を同時に、計画を立ててつくらなければ機能しない」。こういう主張をする人がいます。

しかし、創造説を唱える人のこのような主張に反して、進化生物学は、複雑な眼という器官がどのように生じたかをきちんと説明することができます。その考え方の基本は、やはり「漸進的な進化」です。いちばん最初の「眼」は、現代人の眼のように複雑な器官ではありませんでした。それは、生物のからだの一部が、突然変異によって、光の刺激に反応するようになっただけのものです。[4]その段階の生物は、まわりの環境が明るいか暗いかを判別できるので、たとえばプランクトンは、明るくなったらからだをふくらませ

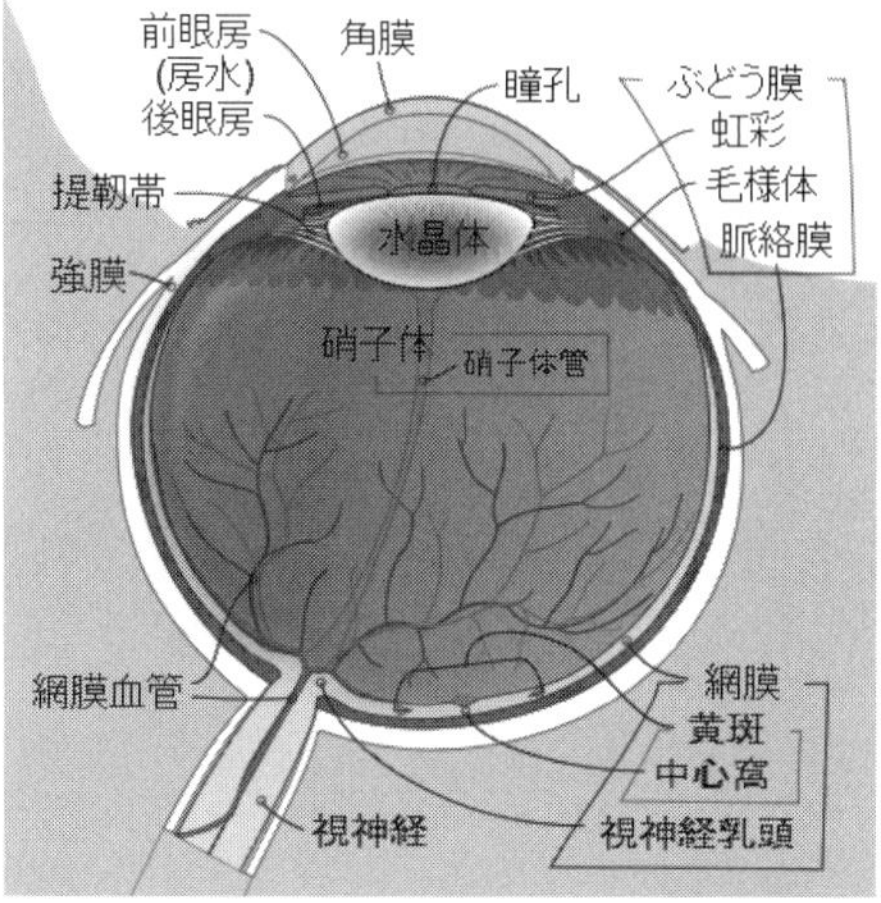

図 7-1　人間の眼の構造。非常に複雑な構造をもっているが、その起源は漸進的な進化で説明できる。
By Rhcastilhos (translated by Hatsukari715) - Schematic_diagram_of_the_human_eye_en.svg, https://commons.wikimedia.org/w/index.php?curid=4615789

て浮上しよう、暗くなったらからだをちぢめて潜水しよう、なんて行動をとることができるのです。[5]

次の段階は、単に明るいか暗いかの判別から一歩進んで、どっちから光が来ているかを見極めることです。光の方向に進む生物の性質を走光性といいますが、これは光合成する生物や食べものを探す生物など、いろいろな生物の繁栄に役立つ特徴です。**ミド**

4　こういう器官は、生物界にたくさん存在します。たとえば植物の葉緑体は、光の刺激に反応する器官の典型例ですね。

5　日光が当たっているときは水面に出て光合成するのがよいのですが、暗くなったら水中にもぐっていたほうがよい場合もありそうですよね。

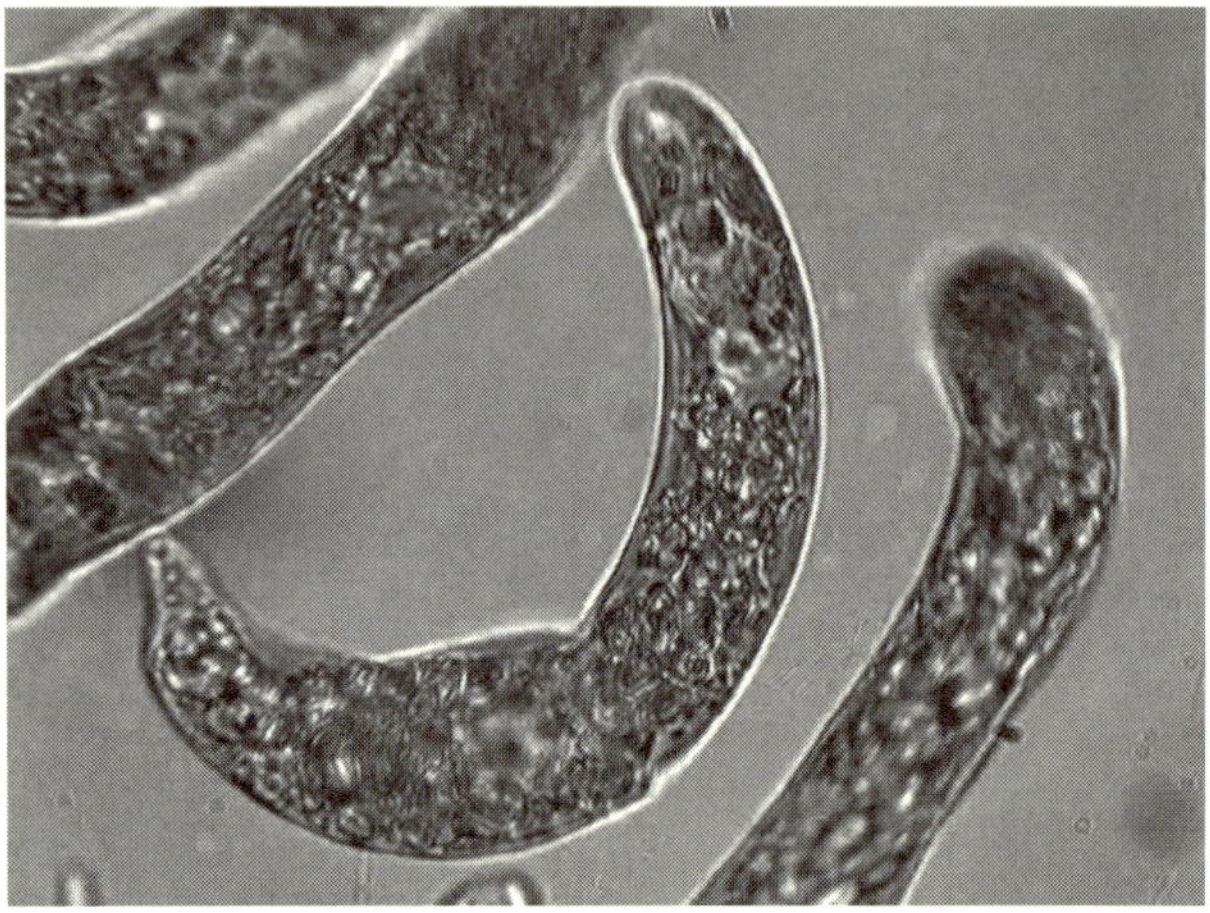

図7-2　ミドリムシは小さく単純なからだのつくりをもった単細胞生物。それでも光が来る方向を知ることができる。
By Deuterostome - Own work, CC BY-SA 3.0, https://commons.wikimedia.org/w/index.php?curid=17152931

リムシを例に考えます。日本語ではミドリムシとよびますが、英語ではユーグレナ（euglena）。言葉の意味は「美しい眼点」です。たしかに顕微鏡で見ると、緑色のボディのなかに鮮やかな赤色の点があります（図7－2）。これが眼点です。ちなみにミドリムシは、この眼点で光を感知しているのではありません。光を感知する器官はこの眼点のすぐとなりにあって、眼点は光をさえぎる役目を果たしているのです。これによってミドリムシは、どっちの方向から光が来ているかを判別できるのです。[6]

たしかに、眼は複雑な器官ですが、最初から複雑な形で登場したのではありません。明かりを検知するだけのごくごく単純な器官でも、ないよりはずっとまし。光の来る方向がわかればさらによい。物のかたちがぼんやりとでもわかればすばらしい……、というように、いろんな段階を経て、いまの僕たちの眼が存在するようになったのです。これが漸進的な進化であり、まさに少しずつコインがこぼれ落ちてくるような「ごほうび」が、進化の各段階に存在していたのですね。

実際、生物の眼は、生命の歴史のなかで何回も独自に誕生しています。せきつい動物の眼、昆虫の眼、イカやタコの眼。これらの生物の眼に共通の祖先はなく、独自に生まれたものです。それぞれ、からだの一部がなんらかの突然変異で光を検知するようになり、そこから漸進的な進化が始まり、現在にいたっているのです。光を検知する器官というのはそんなに特別なものじゃありません。「光が検知できると有利」という条件があれば、突然変異と自然淘汰と長い時間が、試行錯誤の末に眼を完成させていくのです。

6　眼点は光をさえぎりますが、ふつうの細胞質は光を透過させます。ということは、光の来る方向によって、光を感知する器官の一部は反応しますが、眼点にさえぎられた部分は反応しないという違いが生じます。どの部分がさえぎられたかによって、光の来る方向がわかりますね。

コラム　仏教の教えと生物進化？

仏教の教義の根本に三法印というものがあり、そのなかに「諸行無常」という有名な思想があります。『平家物語』のイントロにも使われる、日本人にはなじみの深い思想。この「諸行無常」とか、ほかにも「諸法無我」とか「色即是空」とか、仏教の教義は基本的に、今あるものはやがて消えていく、そうしたらなにも残らない、自己や物体に対する執着はむなしい、といったタイプの教えを説いています。

この仏教の思想を、科学の視点から考えてみるとどうなるでしょうか。僕の見解では、これらの教義は、自然界や生物界の一側面を表現しているという意味では正しいのですが、重要な別の側面が欠落しているという点で、「生命とはなにか、人間とはなにか」の本質には達していないと思っています。

たしかに、「諸行無常」という思想には、かなり共感できるところがあります。僕たちのからだは無数の原子が寄り集まってかたちづくられたもので、からだを構成する原子は絶えず徐々に入れ替わり続けている状態（食事して排泄するからそうですよね）。

命があるかぎり、からだやこころは一体性を保っている。しかし、ひとたび僕たちが死ねば、その一体性は失われ、からだをつくっていた原子は、火葬場の煙突から大気中にバラバラに放出されていくのです。そういう意味で、人間のからだは諸行無常です。人間のからだはハードウェアです。あらゆるハードウェアは、いつかこわれる。これが諸行無常。

一方、ドーキンスは著書『利己的な遺伝子』のなかで、生物は遺伝子の乗り物であると力強く言い切りました。遺伝子は設計図のようなもの、つまりソフトウェアです。設計図は、それが書かれた紙自体や、設計図を書いたインクに価値があるのではありません。紙の上のインクの特定の形状、つまり文字や記号が表現する情報こそが、特別の意味をもっています。その情報が、価値の根源なのです。だから、設計図をうまく複製すれば、もとの設計図の価値をあまさずコピーすることができます。コピーされると、もとの設計図のインクとは違う原子になるけれども、オリジナルの情報はコピーされている。これがソフトウェアなのです。建物の設計図を書いて、それをきれいにコピーします。オリジナルの設計図を腕の立つ大工さんAに、コピーした設計図を同じく腕の立つ大工さんBに渡します。すると、できあがる建物は、どちらも同じものになるでしょう。

こういうのがソフトウェアです。

たとえば、奈良時代の文学である『万葉集』のなかのすばらしい和歌。これはソフトウェアです。最初にその歌が書き記された紙(もしくは木簡)は失われてしまいましたが、その和歌は書き写され、現代に残っています。そして、その和歌の価値である情報は、(誤写がなかったとすれば)現代まで劣化せずに伝わっているのです。このように、気をつけてコピーすれば、劣化せずに価値を永遠に伝えられるポテンシャルをもったものがソフトウェアです。

一方、奈良時代の美術の傑作である興福寺の阿修羅像。これはハードウェアなので、いつかはなくなってしまうことでしょう。現代の技術で精細な三次元データを測定したり、名工の誉れ高い仏師が模造を試みたりしても、そのような複製はオリジナルと同一ではないのです。次の世代が「コピーのコピー」をつくったりすれば、劣化はさらに進んでいくことでしょう。

なにがいいたいかというと、人間のからだはハードウェアであり諸行無常だけど、人間のソフトウェアである遺伝子は、乗り物である個体が死んでも、その子孫さえ残っていれば永遠に存続するポテンシャルをもっている。つまり諸行無常ではないということです。事実、僕たちのからだには、数十億年も前のバクテリアの遺伝子も残っていて、いまだに生命の維持に欠かせないはたらきをしています（ミトコンドリアです）。シーラカンスは「生きた化石」なんていわれますが、シーラカンスの個体、つまりハードウェアの寿命はたかだか100年程度。しかし、シーラカンスのソフトウェアである遺伝子は数億年も引き継がれてきていて、それが「生きた化石」であるゆえんなのです。

遺伝子というソフトウェアは、自分の乗り物である生命のからだ（ハードウェア）をデザインし、その個体の器官や本能を制御している。いろんな個性をもった個体のなかで、もっとも生存と繁殖がうまい個体がたくさんの遺伝子を残し、自分が運んできた遺伝子を次世代に伝える。これは世代を経てくり返され続けるゲームです。生命は、「生存と繁殖に役立つ乗り物をつくれる遺伝子が次世代に残る」という壮大なゲームを何十億年もやっているのです。このゲームからおりることはできない。おりた生物は子孫を残せないから絶滅するだけです。

ハードウェアとしての人間の個人は滅びても、その個人が運んできた遺伝子は次世代に続く。これを続かせること自体が、生命が生まれては死んでいく理由だとさえいえるかもしれませんね。「ハードウェアは滅びるけどソフトウェアは続く」というゲームに生命が乗っていること。これを教えてくれるのは、宗教ではなく科学だと思います。宗教の理論をいくら学んでも不完全燃焼にしかならず、もどかしい人間の生き方というものを、科学は僕に教えてくれました。

そして、いわゆる「煩悩」の根源は、生命が駒として動いているこのゲームの本質にあるのではないかと僕は思っています。煩悩は、人間のかかえる欲望や悩みのことです。煩悩はべつにわるいことではなく、なるべく遺伝子を残そうとするよう僕たちを叱咤激励するために、遺伝子が人のこころに仕組んだものなのです。これについては次の章で詳しく考えてみましょう。

宗教と科学の接点は？

仏教学者の末木文美士さんはこんなことを言っていました。「この現象世界の法則性、すなわち縁起の原理を正しく認識することが悟りにほかならない。ただ、凡夫は煩悩によってこの事実を見る目が曇らされているから、煩悩の曇りを払い、正しい認識に向かって修行に努めることが必要なのである。悟りとは、なにか別の次元に移るわけではなく、この世界の認識の転換である」（『日本仏教史』新潮文庫、１７６ページ）。

僕がこの本を書いているのは、まさにこの、世界の認識の転換を読者のみなさんに勧めたいからです。生物の世界がどうやってできて、どのように動いているか、くもりのない目で素直に見てほしい。それは既存の宗教や哲学をくつがえすことになるけど、その痛みも含めて、真実を味わってほしいと思うのです。それが真の「悟り」じゃないでしょうか。進化生物学を学ぶと、生物や人間に対する認識がたしかに変わるのです。唐突な話ですが、もしブッダが現代に生きているとしたら、僕の活動を支持してくれるかもしれません。そのときに得られる知識のかぎりを使って、人間とはなにかを解き明かすのが進化生物学の目的のひとつ。それってブッダがやろうとしたことと、実は同じなんじゃないかと思います。

宗教っておもしろいと、僕は思います。ちょっと引いた目線で見ると、宗教を信じる人、たとえば一心に祈るおばあさん、純粋に美しく見えます。現代のテーマパークが千年後にも存在しているとは思えませんが、お寺、神社、教会、みな建造から千年を超えても、現役で崇拝の対象になっています。宗教のもつ「人を感動させる装置」としてのパワーはすごい。宗教心というものも生物進化でできたものですから、人はそこから逃げられないし、逃げようと努力する必要もないというのが、僕の「悟り」かもしれません。テントウムシが高いところに上ろうとするように、人間も本能的に宗教を欲する。僕ら科学者は人間の本能を客観的に観察する役割をもっているけれど、それと同時に僕自身も人間です。だから人間として、「お寺っていいなあ」と感じてしまうのです。

科学者になった最初のころは「そういう衝動を抑えなくちゃいけない」と思っていましたが、いまでは抵抗するのをやめました。宗教を欲するこころも自然だからです。世界中のあらゆる部族・民族に宗教らしきものが存在することを考えると、宗教は人間に普遍的にみられる特徴だといえるでしょう。宗教が生まれ、そして自然淘汰で残ってきたということは、宗教をもつことには適応度を上げるうえでのなんらかの意味があるのではないかと僕は考えています。

ちなみにこれは、僕とドーキンスの違いでもあります。ドーキンスは無神論者であることを貫き、ときに宗教関係者と対決したりしますが、僕は、自分も人間なので、宗教や迷信に惹きつけられてしまうこころがあることを認めています。むしろそういう自分のこころを、科学者のあたまで客観的に見つめると同時に、シュールな「ネタ」として楽しめるようになってきました。僕もただの人間ですから、お寺に行って仏像を拝んだりすると、いい気持ちになるのです。その背後に神さまや仏さまがいないことはわかっていますから、「神頼み」的な効果は望んでいません。ただ、崇拝の作法をすると気持ちいいから、そうしているのです。[7] これ自体がコントの一場面みたいでおもしろい。

ところで、僕の支持する**無神論**というのも、実は宗教的信念のひとつなんじゃないか？　なんてことを言う人もいます。無神論も科学も、数ある宗教のうちのひとつなんでしょうか。僕は、科学はすべての宗教と根本的に異なっていると思っています。それは、科学は**無謬性**《むびゅう》を否定し、**反証可能性**を重視するからです。[8] これは科学哲学という学問の話になりますので、興味のある方は、拙著『地球システムを科学する』（ベレ出版）の第8章をお読みください。

7　お寺で仏像に手を合わせると、なんだかこころがおだやかになります。神社で柏手を打つと、なんだかさわやかな気分になります。こういう崇拝の作法も過去に文化的な淘汰を受け、人のこころを感動させる作法が選ばれ、今日に伝わっているのでしょう。

8　無謬性とは、けっして間違えないという性質のこと。たとえばキリスト教やイスラム教の説く神さまは無謬性をもっていますが、人間はもっていませんね。反証可能性とは、自分の唱える学説を否定する道筋を閉ざさない姿勢のこと。科学は客観性を重視しますから、自分の学説が反証される可能性を常に認識し、実際に反証されたら自説を撤回することを恥としません。

哲学と生物進化

この章の冒頭で、哲学者のダニエル・デネットの言葉を引用しました。これは哲学者自身が、異分野である生物学上の発見が哲学の根本をひっくり返すことを認めた、たいへん勇気ある発言だと思います。彼以外の哲学者が生物進化のことを深く考えることはあまりないようですし、進化生物学者のほうでも、自分たちの学問が哲学や宗教に与える影響について考えることはあまりないように思います。

僕がこの本、特にこの章を書くのも、じつは勇気のいることです。生物学者である僕が哲学や宗教のことを語りはじめると、生物学の同業者から陰口をたたかれるのは目に見えています。科学の研究者はふつう、「さわらぬ神にたたりなし」とばかりに哲学や宗教に深入りしないのが常識となっているからです。しかし僕は、勝手に抱く使命感から哲学と生物進化について書き、興味をもってくださるみなさんに伝えなければならないと思ってしまったのです。

ダ・ヴィンチ（15世紀後半から16世紀初頭）は、芸術にも科学にも天才的な才能を発揮しました。パスカル（17世紀中ごろ）という天才も、哲学と自然科学それぞれの分野で輝かしい業績を残しました。現代においても、各種の学問を細分化しすぎてはいけないというのが僕の思いです。「生命とはなにか？　人間とはなにか？」――これは、哲学にも進化生物学にも宗教にも芸術にも共通する問いだと思います。現代は学問の専門性が高まりすぎて相互の交流がないだけで、実は、哲学・進化生物学・宗教・芸術それぞれの専門家は、同じ目的で研究しているともいえるのです。

もしもプラトンやパスカルなど、歴史上の哲学者が現代の進化生物学を学んだら、なんて言うだろう。僕はよく、こういうことを考えます。進化生物学は哲学をひっくり返す。この可能性を提案したいという思いが、この本を書いている動機のひとつです。

性善説 vs. 性悪説

そもそも哲学とはなにか――？　僕は哲学を専門としないので、ここでは厳密な定義についてあらそうことは避けます。そのかわり、哲学の命題の断片を例として取り上げて、問題提起としてみます。たとえば哲学では、「人間とはなにか」「善とはなにか」「美とはなにか」について考えます。いかにも哲学っぽい問いかもしれません。しかしこれらの命題は、僕にとっては、いかにも進化生物学っぽいテーマに思えてしまいます。では、「善」を例に考えてみましょう。

人は生まれながらにして善を行なう傾向をもっている。悪を行なう人がいるのは、生まれたあとの環境（たとえば教育など）がわるかったからだ。こういう考え方を**性善説**といいます。逆に**性悪説**は、人は生まれながらにして悪を行なう傾向をもっているから、教育やルールによって人を導かねばならない、と説きます。はたしてどちらが正しいのでしょうか。これは、むかしから[9]議論されてきたテーマです。どちらの説にも説得力があるように思えて、その論争は堂々巡りになりがちです。そこでこの本では、進化生物学という客観的な自然科学によって、この問題に光を投げかけてみたいと思います。

ここまで学んできたように、進化とは基本的に軍拡競争です。他者に競争で勝ち、また他者を出し抜くことで遺伝子は繁栄しようとしてきたのです。だから生物進化の理論は、基本的に性悪説に近いものだというのが僕の考えです。森の木が高く伸びるのは軍拡競争です。もしも森の木が相談して、「みんな自主規制して樹高を低くしていようよ」と決めるなら平和がおとずれ、無駄なエネルギーも使わず、台風でも倒れなくなるのですこぶる具合がいいのですが、突然変異によってたった1個体のズルいやつ（ルールを守らないやつ）があらわれてしまうと、そいつがほかを圧倒して繁栄し、子孫を残してしまいます。性善説に忠実でルールを守る遺伝子は淘汰されて数を減らす。ときにはルールを破り抜け目なく行動する遺伝子は繁栄する。たしかに自然界には、そして生物である人間にも、このような性悪説に沿った摂理があります。

ただし、遺伝子は常に利己的ですが、個体は利他的な行動を戦略としてとる場合もあります。つまり、性善説も状況によっては成り立つというのがとてもおもしろいのです。たとえばハタラキアリ。ハタラキアリはみなメスなのですが、彼女らは自分の子を残すことをやめ、ひたすらお母さん（女王アリ）ときょうだいたちの世話をすることに一生をささげます。これは、自分という個体の子孫を残すよりも、自分のきょうだいたちを繁栄させるほうが、結果として自分がもつ遺伝子の繁栄につながるからなのです。

こういう利他性は、本質的にほかの生きものに備わっていても不思議ではありません。たとえばほ乳類では、自分と、自分のきょうだいのあいだでは、遺伝子が50％共通しています。ということは、遺伝子にとってみれば、ある１個体を犠牲にすることで、その

9　中国では、２千年以上前の春秋戦国時代に、性善説と性悪説の論理体系ができました。

個体のきょうだい3匹を救えるのであれば、そのほうが適応度が高いといえますね。そんなわけで、血縁関係にある者に対しては、生物は利他的にふるまう、つまり「善」を行なう理論的根拠があるのです。

さらにおもしろいことに、血縁関係がなくても「善」を行なう関係も存在するようです。ある種の吸血コウモリの話をしましょう。彼らは群れで暮らしています。夜になってねぐらを飛び立ち、獲物である動物の血を吸って、明け方にねぐらに帰ってきます。そのとき、獲物が見つからずにおなかをすかせた個体に、獲物にありつけた個体が胃の中から血をはきもどして与えることがあるらしいのです。たとえ血縁関係がなくてもこのような利他的な行動が見られるというのは興味深いことです。

ただし、コウモリの利他的な関係にも「強弱」があるようです。コウモリはなかまの個体を識別する能力と、なかまの行動を記憶する能力をもっています。以前困っているときに助けてくれた個体に対しては、すすんでエサを分け与えるようです。逆に、以前困っているときに冷たい対応をされた個体が困っていても助けたがらないのです。このように、見返りがどの程度期待できるかによって、利他的な行動の強弱が決まっています。これならば、利己的な遺伝子が繁栄するというルールともよく合いますね。

図 7-3　公園でデートしながらゴミをポイ捨てする人。みんなが気持ちよくなるように、ゴミを自発的に拾う人。適応度が高いのはどっちだろう。利己的に求愛をするべきか、利他的な行動を取るべきか。人間がつくりだした複雑な社会では、どちらもそれなりの意味をもつのかもしれない。

前の章で学んだように、人間は家族や社会のなかで生きていく必要があるため、その家族や社会を維持するためのモラルが本能に組み込まれていることもあります。これも、**組み込まれた性善説**ということができますね。このように、生物進化の理論やそれを証明する研究の成果は、古くから続く哲学的な論争の大きなヒントになり得るのではないかと考えています（図７－３）。

この章のおわりに――「基準」は自然淘汰がつくった

人間はたしかに、善悪や美などの基準をもっています。人生においてなにが成功でなにが失敗かを決めるなんらかの基準ももち、それに沿って努力しています。これらの基準について、宗教や哲学や美学などはそれぞれの理屈で語るわけなのですが、進化生物学は、このような基準は自然淘汰の産物であるという、きわめて単純で客観的な理解を提供できるのです。

進化生物学を積極的に受け入れれば、宗教学や哲学など人文科学の理論のなかには、根本から覆されるものもあるかもしれません。しかし長い目で見れば、それは学問の発展に大きく貢献することになるだろうと僕は思います。たとえば「善とはなにか」みたいな哲学的命題は、「善」という感覚を人がなぜ身につけたのか、なぜそれが人の適応度を上げたのかを、生物学の視点から考えることで客観的に語れるようになるのではないかと思います。最終的には、ふたたびダ・ヴィンチやパスカルのような、哲学と自然科学を合わせて考えるような、そういう学問の世界になってほしいと思っています。

第8章　おかしくも愛おしい人間のこころ

進化心理学

この本もいよいよ最後の章です。ここまで学んできたように、僕ら人間も、生物進化の原理にがっつり支配されているのが事実のようだと、徐々に思い知らされてきました。それを僕たちが望むかどうかにかかわらず。そして、人間のからだが進化の結果、いまのかたちになったように、人間の行動も、それを引き起こす感情も、自然淘汰が生み出して遺伝子に記録されてきた形質だということがだんだんわかってきました。

そう、僕らの心理も、それが生み出された根底には自然淘汰があると考えることができます。現代人の僕らがなにかを見て「美しい」とか「欲しい」とかいう感情を抱くのは、僕らの先祖が原始人とよばれていた時代に、その感情が人間の適応度を上げてきたからかもしれませんね。そういうメリットがあったために、人類のなかでその感情を引き起こすような遺伝子が繁栄し、やがて支配的になり、いま僕たちの感情をコントロールしているのかもしれません。現代の僕らにとって重要なもの。それは金や地位？　恋愛？　さまざまなものがありますが、それを大事だと思う僕らの気持ちも、結局は自然淘汰の産物なのかもしれません。この章ではその具体例を考えていきましょう。

人間であること――その副作用と、こころの誕生

人間のこころを知るための第一歩として、まずは人間とはどういう生きものなのかを考えてみましょう。人間って、さまざまな生物のなかでもかなり特殊な生きものです。パンダとかナマケモノとかアルマジロとか、ほ乳類に珍獣は数々存在しますが、人間こそがいちばん特殊な**珍獣**じゃないか、と僕はつねづね考えています。二足歩行するし、やたらと賢いし、環境を自分の力で変えるし、社会生活を営むし、文化や記録をもつし……。

これら人間のもつすばらしい特徴は、僕らを繁栄させてきた一方で、人間ならではの「生きるつらさ」を生みだしています。それは深刻な副作用ともいえます。たとえば、人間の脳は非常に大きい。これが知能の高さを生んでいるのですが、これにはデメリッ

トも存在します。第3章で考えたように、人間の出産が非常な**難産**なのは、赤ちゃんのあたまが大きいからです。人間は二足歩行をするため骨盤のサイズとかたちが限定されてしまい、出産は難産になりがちです。人間の赤ちゃんは、ほかのほ乳類の基準でいえば**未熟児の状態**で生まれてこなければなりません。だってそれ以上おなかのなかで大きくなると、これまで以上の難産になり、適応度が下がってしまうからです。

人間の脳の大きさは、出産のリスクとのトレードオフで決まっているといえます。難産すぎると生き残れない。かといって、頭脳が小さくても生き残れない。自然淘汰は、こんなぎりぎりの選択をくり返し、人間をかたちづくってきました。[1] このように人間の赤ちゃんは未熟児として生まれるため、必然的に子どもの世話はとてもたいへんで、育児の期間は非常に長くなります。赤ちゃんが成長し繁殖可能な大人になるまで十数年もかかってしまう動物って、人間のほかにはなかなか見当たりません。

1　からだのサイズが大きければ骨盤も大きくなり、絶対量の大きな脳をもてるんじゃないだろうか？　こういうことを考えたあなたはするどいです。たしかにそうなんですが、ここでまた別の自然淘汰がはたらいてくるのです。からだが大きな動物はたくさんの食べものを必要とするため、飢きんを生き残れない（恐竜が絶滅したように）……。生活のきびしかった旧石器時代（特に氷河期）を生きのびるため、からだのサイズは制限されていたのかもしれません。

原始時代のお母さんにとって、ひとりで育児するのはたいへんむずかしかったことでしょう。ほかのサルの赤ちゃんと違い、人間の赤ちゃんは大人にしがみつくことができません。大人のほうで赤ちゃんを抱っこしてあげなければならないのです。乳児をかかえた状態でお母さんが食べものを探すのは困難ですから、家族や社会からの助けが必須でした。お母さんが育児にかかりっきりになっているときは、お父さんが食べものを獲得してきて、母子を養わねばなりません。[2] だから、お父さんが家族を大事にして子どもの成長に貢献できるよう、自然淘汰は僕たちがこころに**深い愛情**をもつように仕向けたのです。

そう、「人間ならでは」の特徴は、その深い愛情だともいえます。人間は、ほかの動物と比べて、特別に愛情を重視します。それは、愛情のきずなで結ばれたカップルの育児能力は高くなるため、深い愛情という特徴は適応度を上げ、自然淘汰で選ばれてきたと考えるのが自然でしょう。ちなみにここでいう愛情は、性衝動とは似ていても少々異なるものです。

世間では、「感情に流されるのは動物的、理性的なのが人間」などといったりしますが、実は、動物のほうがよっぽど、合理的でドライな判断をすることも多いのです。オスが積極的に育児にかかわらない種の動物では、それほど異性間の愛情は必要ないといえます。オスは性衝動だけで交尾をし、メスは当たり前のこととしてひとりで育児をする。今年交尾した相手と、来年交尾するとはかぎらない。冷静に考えると、こういうのが動物の世界の「恋愛関係」の典型です。

たとえばクマは、日ごろは単独行動していて、発情期にだけ異性と出会い、交尾がおわるとオスは単独行動にもどり、メスは当然のこととしてシングルマザーになる。こういう動物では、異性間の愛情なんて必要じゃなく、ただの性衝動だけで繁殖が可能ですよね。幸いクマは、母親ひとりでちゃんと育児できるようになっていますから、愛情にからめとられた人間のような婚姻システムをもっていないのでしょう。

「ちょっと待って」という読者もいませんか？　人間のオスだって、できることなら女性を妊娠だけさせて、その後の育児の責任から逃げて、また別の女性を妊娠させに旅立つというのが都合のよい戦略のように考えられませんか？　もちろん人間にはそうい

2　お父さんとお母さんの役割が入れ替わるのはむずかしいことです。ほ乳類はその名のとおり、お母さんが母乳で育児するのが特徴ですから、お父さんが乳児の世話をしてお母さんが狩りに出かけるというようなシステムは発達しにくいのです。詳しくは第６章をご覧ください。

う「遊び人」が存在するのも事実です。しかしそれではシングルマザーが増えてしまい、首尾よく育児に成功する可能性が低くなってしまいます。そんなとき、まじめに家族を大事にし子育てをする男性が女性から選択されるような淘汰圧がはたらきます。まじめな男のほうが適応度が高いか、それとも「遊び人」のほうが適応度が高いか。これは環境によって決まるので、一概にはいえません。覚えておいてほしいのは、クマなどと違い、特定の相手に安定した愛情を示すことで安定した家族をつくるのは、人間の戦略として意味があるということです。

育児の期間が非常に長い人間にとって、**パートナーの選択**はたいへん重要です。夫婦間のコミュニケーションがうまくいくか、お互いが信頼できる人物か。しっかりと見きわめる必要があります。ツバメはカップルが共同で卵をあたため、ひなを育てますが、それはわずかひと月あまり。子育てがおわるとカップル関係は解消されます。しかし人間の場合は、そういうふうにはいきません。子育ては、少なくとも十数年は続きます。こんなわけで人間は、相手をしっかり見きわめよう、できるだけよい配偶者を見つけようとします。

その一方で、よい配偶者のふりをするために、ウソをついたり外見を取りつくろったりすることもあるでしょう。こういう対人関係には高度なコミュニケーション能力が必要ですから、それが（もともとあたまのよかった）原始人の知能の発達をさらにうながしたのではないか、と考える科学者もいます。つまり、人間は脳が大きくなったがゆえに育児がたいへんになった。するとパートナー選びやコミュニケーションが重要になり、そのためにさらに脳が大きくなった、という連鎖が存在したかもしれないということですね。

「おばあさん」という不思議な存在

人間社会には、「**おばあさん**」が存在することも特徴です。単なる高齢のメスならほかの動物にも存在しますが、ここでいう「おばあさん」とは、歳をとって生理がとまった（閉経した）女性のことです。人間の女性は、閉経してもしばらく寿命が続きます。でもこれって、ほかの動物の基準で考えると、なかなか説明のむずかしい現象です。だって生物は、死ぬまで繁殖力をキープしているほうが適応度が高くなるはずですから。事実、人間の「おじいさん」は、年齢とともに生殖能力は低下していくものの、いちおう死ぬまで繁殖可能です（体内で精子をつくり続けているからです）。

ただのほ乳類だと考えると説明がむずかしいのですが、人間の特殊な事情を考えると、女性の閉経という現象が生じた理由を説明することは可能です。人間の育児にはとても長い時間がかかるため、高齢の女性が育児をするのはたいへんですし、育児の途中で寿命が尽きてしまうかもしれません。それならば、自分自身の子をもつことはあきらめて、代わりに孫を世話するほうが適応度が高くなる場合も多い、というふうに考えることができますね。大むかしの人間の先祖には、ふつうのほ乳類のように閉経しない女性と、突然変異で閉経するようになった女性のふたつのタイプが存在したことでしょう。そして後者の形質のほうが適応度が高かったため、いま生きている女性は、歳をとると生理がとまるようになっていると考えられます。

この考え方にもとづくと、人間は父母だけじゃなく、祖母も育児に協力する本能をもっていると推論することが可能です。たしかに、**「子どもより孫がかわいい」**というおばあさんは多いですね。ふつうに考えると、自分と遺伝子の2分の1を共有している子どもよりも、自分と遺伝子の4分の1を共有しているにすぎない孫に対する愛情が高くなるのはヘンな話です。[3] しかしこれについても、ここで考えている「おばあさんが存在する理由」が正しいとするなら、うまく説明できるでしょう。高齢の女性は、自分の子どもを産もうとせずに、孫の世話をしたがるような心理作用を本能としてもっていて、それが原始人たちの適応度を上げてきたということになりますね。

これも、育児という社会システムが人間の本能に組み込まれた例かもしれません。人間は、その特殊な生物的特徴をカバーするように、社会や家族の制度をも発達させてきました。結婚という制度や、おばあさんの存在する大家族制度があったほうが、適応度が高くなる。これらは、人間の本能である安定したカップル関係を望むことや、孫への愛という心理と深い関係をもつことでしょう。

さらにいえば、家族よりも巨大な、隣人の家族をふくんだグループをつくることは、大型動物を対象とした狩りや外敵から身を守ることにプラスになるので、そのような大きな社会を円滑に維持するような本能[4]も発達してきたのだと考えられます。人間はわりと大きなグループを営んで、みんなで協力しながら生活する。これも生物進化と深いかかわりをもつのです。

3　たとえば自分の子（自分と遺伝子の2分の1を共有している）のほうが甥や姪（自分と遺伝子の4分の1を共有している）よりも大切なのは当然ですよね。

4　「友人の妻には性欲が湧きにくい」（137ページ）もご覧ください。

こころが人間を動かす

「人間は理性の生きもの」「人間から理性をとったらケダモノと同じだ」なんて言うことがあります。そうなると、感情的な行動は動物的で、理性的な行動は人間的ということになりますが、ほんとうはそうでもありません。実は人間は、**理性より感情**で動いていることが非常に多いのです。たとえば僕たちは、なんのためにセックスするのでしょうか。

セックスする理由。僕たちの運転手である遺伝子にとっては、遺伝子のコピーをつくりだすためという明確な理由があります。しかし、乗り物である僕たちは、遺伝子がもっているような理性的な意味を考えながら行動しているわけではありません。人間の行動はかなりの部分で、理性じゃなく感情に支配されています。なぜセックスするのかというと、子づくりのためではなく、「気持ちいいから」という理由の人は多いかもしれません。この場合の「気持ちいい」という感情には、性的快感以外にもさまざまなプラスの心理的効果がふくまれることでしょう。で、これら「気持ちいい」という作用は、理性というより感情ですよね。時間と体力の消費について合理的に考えると、子孫を残すためだけにセックスするのがもっとも効率的なのですが、人間はそれと関係なくセックスします。それどころか、わざわざ避妊してセックスする現代人は数多く存在します。

これまで人間の性欲は、人間の繁栄、つまりは人間に乗っている遺伝子の繁栄につながってきました。遺伝子は、乗り物である人間の個体に性欲と性的快感を与えることで、人間を繁殖に導いていています。お医者さんは、小さな子どもには甘い味のついた薬を処方します。その子どもはおさなすぎて、薬が病気からの快復をうながすという因果関係を理解することはできませんが、甘い味は快感なので、よろこんでその薬を飲むわけです。同様に遺伝子は、人間に最終的な遺伝子の目的を知らせることなく、「甘い味（性的欲求と快感）」を使って人間を誘導するのです。

「生物は、その種の存続のためにセックスしている」というのは外から見える結果であって、セックスしている個体にとっては、種の存続に役立つかどうかなんて関係ありません。遺伝子を残す、なんてことも考えていません。自分の衝動と快感に導かれているだけです。そして、その快感が生じる理由は、過去にたまたまセックスを心地よく感じる遺伝子をもったものが突然変異で生まれ[5]、自然淘汰で選ばれてきたというだけのこと。

5　たぶんこれは、何億年も前に生じたもので、ほ乳類の多くはそれを共通して受け継いでいることでしょう。

その子孫の個体たちは、感じるまま・思うがままに生きるだけで、自分の遺伝子を残すマシンとして適切にはたらくように生まれついているのです。

性欲にかぎりません。食欲だってそうです。おいしい食事で味覚を満足させるというプラスの感覚と、空腹感というマイナスの感覚の両方を使って、遺伝子は人間を誘導しています。人間は「ごはんを食べなければ死ぬ」ということもわかっているために、そういう理性（義務感）で無理して食事することもありますが、基本的には、義務感ではなく感情を満たすために（たとえば、おいしい食べものから快感を得るために、あるいは空腹感というマイナスの刺激を避けるために）食事をします。

ちなみに現代の先進国では、人間が欲望のままに食事をしたら生活習慣病になってしまうことも多くあります。現代の食事は、カロリーやコレステロールや塩分が高いからです。しかし僕らの感情は、そういうものを「おいしい」と思うようにできています。俗に、「からだにわるいものほどおいしい」なんていいますね。しかし、人間の心理がかたちづくられたのは旧石器時代（いわゆる原始時代）。狩猟採集の時代であり、食糧供給が不安定な時代でした。そういう環境では、味の濃いもの（すごく甘いもの、うまみの強いもの、カロリーの高いもの、塩味の濃いもの）は非日常的なごちそうで、望んでも毎日食べられるわけじゃない。たまに食べるとたしかに人間の健康にプラスになりますから、そういうものを好む感覚が自然淘汰で生まれたのでしょう。そのうえ、原始時代の平均寿命は今よりもずっと短かった。中年以降で問題になる生活習慣病にかかる前に別の原因で死ぬ人のほうが多かったため、生活習慣病はさして問題にならなかったのでしょう。原始時代は、「からだによいものほどおいしい」時代だったのでしょうね。ダイエットに悩む僕らにとって、この点では原始人がうらやましいかもしれません⁉

コラム　三大欲求？

よく、人間の三大欲求は、食欲、性欲、睡眠欲だ、なんてことをいう人がいますが、これは科学的根拠にとぼしい俗説だと思います。食欲と性欲はたしかに重要な欲求ですが、睡眠をこれらと同列に並べるのはおかしいのです。睡眠を三大欲求に加えるならば、呼吸や排せつ、休息なども入れるべきでしょう。そうなるともう、欲求は三つにおさまりきりませんね。

事実、三大欲求なんてことをいうのは日本人だけで、海外では科学者も一般人も、こういうことをいいません。日本人は「三大〇〇」というのをつくるのが大好きな国民ですが、好きすぎるあまり、無理してなんでも三つならべようとしてしまいます。困りものですね。

こころとあたま――進化心理学

生物進化の観点から人間の感情や行動を説明する学問は、進化心理学とよばれます。こころとあたまの葛藤。感情と理性は、なぜしばしば矛盾するの？　この問題は、常に僕らを悩ませています。そしてこれこそが、進化心理学のテーマ、「**人間とはなにか**」なのです。僕ら人間の行動は、こころとあたま、この二つの指令系統にコントロールされています。極端に大きな脳をかかえる僕ら人間にとって、こころとあたまの葛藤は、ときにおもしろく、ときに壮絶な、永遠のテーマなのです。

こころの動きには、それなりの進化上の理由が存在します。その感情は過去に、人間の生存と繁殖に貢献してきたことでしょう。それは「**本能**」ともいえ、理屈抜きに人間を適応度の高いほうへ導いています。その本能とは、長い時間をかけて自然淘汰がかたちづくってきた、適応度を上げるための行動マニュアルのようなものです。

それと同時に、人間にはあたまがあります。巨大な脳を使って事実を分析し、周辺の状況を推定し、未来を予測し、合理的な結論を導く。このようなあたまのはたらきにより、本能に記録された行動マニュアルではカバーしきれない新しい状況に置かれても、**リアルタイムで合理的な判断**を下せるのです。

新石器時代[6]の人間行動の特徴として、たとえば**農耕**を行なうことが挙げられます。目の前にある穀物をいま食べつくさずに、がまんして保存し、種としてまく（図8－1）。ほんとうは木陰で寝ていたいのに、がんばって作物の世話をする。こういう農耕や牧畜を大々的に行なうのは、基本的に人間だけだといっていいでしょう[7]。いまぜんぶ食べた

6　人類史のうえでは現代も新石器時代です。新石器時代は1万年ほど前にはじまりました。人間の長い歴史から考えると、新石器時代のはじまりはつい最近のことです。

7　ある種のアリなど、「農耕」や「牧畜」とよべる行動をする生物もなかにはいます。中米のハキリアリは葉っぱを切り取って持ち帰り、巣の中でキノコを栽培しているそうです。

図8-1　このお米、ちゃんと来年の春まで保管して、種としてまくべきだよね。でもおなかへったから、いま食べちゃおうかな。感情と理性、こころとあたまの葛藤はいつも僕らを悩ませる。

い、畑仕事をさぼって寝ていたい、というのは正直なこころの作用です。**狩猟・採集**で生きていた原始人のころの僕らの感情を支配していたこころ。人類の歴史の大部分は数百万年におよぶ狩猟・採集の時代だったため、自然淘汰で形成された人間の心理は、この時代の影響を強く受けています。一方、農耕や牧畜がはじまってせいぜい1万年。進化のタイムスケールからすると、人間はまだ、このあたらしいライフスタイルに慣れていません。だから僕らが現代の仕事にストレスをかんじたり、たまにさぼったりするのは当然なのかもしれません。

人間のあたまがもたらす観察力と予測

能力は、穀物を食べずに残しておいて種としてまけば、しばらくすると何倍もの収穫となることを発見するにいたりました。しかしそれを実現するには、かつてない苦労とがまんが必要でした。このように、こころとあたまは、それぞれやりたいことが違っています。僕らはそのはざまで生きています。現代文明はあたまが生み出したもので、それはたしかに僕らの生活を便利にしていますが、それは原始時代から引き継ぐこころの欲するものとは少しずれています。感情はしばしば現代人の僕らが考える「成功」のじゃまをします。苦しいという感情に逆らって勉強して、いい大学に入らなくてはならない……。甘いものを食べたいという感情に逆らってダイエットしなくてはならない……。

娯楽やスポーツとこころのかかわり

なにかを好きだったりきらいだったりする感情。このような感情は太古の時代において、僕らの先祖をうまく生き残れるよう導きました。原始人だったころは今よりも、感情のおもむくままに行動することが「成功」につながっていたことでしょう。魚釣りをしたことのある人は、魚が釣れたときの興奮を思い描いてみてください。独特のドキド

図 8-2　仕事につかれた現代人。居眠りしながら見る夢で、原始人だったころのことを思い出してる!?　あのころは、こころの命じるままに生きることが正しい生きざまだったのかな。

キ感と幸福感。これは、たとえば家庭菜園で水やりや草抜きをしているときにはなかなかあらわれない感情ですね。単純に素直に、原始人だったころにしていた仕事は快楽と直結していたのではないでしょうか[8]（図8－2）。

　次に、スポーツについて考えてみましょう。スポーツでたたかうこと、特にチームで団結してたたかうことには、独特の高揚感があります。スポーツの快感と高揚感はきわめて大きいため、自分が参加する場合、無理しすぎて翌日寝込んだりすることもあるかもしれませんね。自分がプレーしなくても、日本代表のサッカーの試合をテレビで観るだけで盛り上がります。テレビで観るだけでこんなに興奮するのなら、たたかっている選手の感情は、ものすごく高ぶっていることでしょう。このようなスポーツにあらわれる感情は、原始時代の人間が狩猟や戦争などで培ってきたものなのではないかと思います。原始時代には、狩猟や戦争に高揚感を抱く勇敢な人々の適応度が高かったために、現代人にも引き継がれているのでしょう。

人間のあたまがつくりだしたもの――古くは農耕や牧畜、近代では産業革命――は僕らの生活を安定させましたが、それは人間のこころを、すべての意味で幸せにしているとはかぎりません。現代の日本に生きる僕たちは、命がけの狩猟や戦争に駆り出されなくても暮らしていけます。それは幸せなことなのですが、それだけでは満たされない**野性的な感情**はあったりするのです。だからスポーツでやたらと盛り上がったりするのかもしれませんね。

8　もちろん、魚釣りに苦痛がないわけではなく、家庭菜園に快楽がないわけでもありません。科学はすべての感情を完璧に説明できるわけではありませんが、人間の感情の根幹がなんであるかは示唆してくれます。

結局、現代に生きる僕らは、**こころとあたまには矛盾がある**ことを素直に受け入れて、どちらもバランスよく愛してあげなくてはいけないと思います。僕らのこころは原始時代のまま、でも生きる環境は現代。これが僕らのこころの葛藤を生んでいるのです。原始時代の人たちは、直感的に行動することで適応度を上げたことでしょう。しかし現代の僕らは、食べたいものをがまんし、行きたくもない職場に出勤しなければならないのですね。

人間の心理とサバイバル――副作用としての宗教

第7章では、宗教の教えを科学の立場から考えてみました。ここでは、**なぜ宗教が生まれたのか**を考えてみましょう。宗教を生み出すような心理は、なんらかの意味で人間の生存と繁殖の役に立っていたと考えることからスタートします。ここで考えているのは、ほんとうに「神さま」が存在するかどうかではありません。たとえ神さまが存在しないにしても、それが存在すると信じることが人間にとってプラスであるならば、自然淘汰は宗教を生み出すことになるのです。実際のところ宗教は、人間にとって大事な心理現象の副作用から生じたものであると説明することが可能なのです。いったいどういうことでしょうか。

人間は、ふたつの目や口らしきものが見えると、それを顔だと認識してしまう性質をもっています。わかりやすい例では、たとえば自動車の「顔」がありますね。自動車を正面から見ると、ふたつのヘッドライトは目に見えます。その下にある空気取り入れスペースは口ですね。人間はこれだけで、それを「顔」として認識してしまいます。そのうえ、車の顔に「こわい」とか「やさしい」とかのキャラクターまでつけてしまいます。こういう脳の作用は人間の特徴です。人間は脳内で、目に入ったものそのままの映像ではなく、それをなんらかのかたちに「モデル化」したうえで視覚の世界を認識しようとするのです。[9] それはまるでバーチャルリアリティのようなもの。現実に存在しないものを、脳内に思い描いてしまうのです。

ほんとうのところ、自動車はあくまで自動車であり、「顔」や「人格」はもっていません。

9　目に入った自動車はただの画像ですが、その画像を脳で処理することで、本人がもともともっていた「顔」というイメージにあてはめます。こういうのが「モデル化」です。デジカメの顔認識機能がやっていることを、僕らの脳は無意識に、常にやっているのです。

それなのに僕らは自動車を擬人化してしまう。こういうエラーを**擬陽性**といいます。擬陽性のせいで、ほんとうは生きものじゃないものを生きものだと思ってしまうという現象が起こります（図8－3）。

これとは逆の心理作用もあります。それは、実際には存在するものを存在しないと認識してしまうエラーです。たとえば森のなかで、カモフラージュのうまい生きものが隠れていても気がつかないことはよくあります。トラがしましま模様をもつのは、森のなかの樹木にまぎれこむことで相手に気づかれにくいようにするためだといわれていますね。こんなふうに、「実際にはいるのにいないと思ってしまう」エラーを、**擬陰性**といいます。

擬陰性はしばしば致命的な結果をもたらします。原始時代の人間がトラの存在に気づかなければ、それは命の危険に直結したことでしょう。このタイプのエラーは致命的であることが多いため、擬陰性を克服して敵を発見する能力が人間の脳に組み込まれているのだと考えられます。それは、視覚や聴覚など人間の感覚をフル活用して、動物とか敵対する人間とかの存在を見きわめようとする能力です。そうやって神経をとがらせて擬陰性を減らそうとがんばっていると……。

図8-3　京都大学芦生研究林には、広大な原生林が広がる。夕闇せまる森のなかをひとりで歩いているとき、倒木の一部が小さな「鬼」のように思えた。僕は思わず立ちすくみ、身構えた。それはたしかに、むかしアメリカの荒野でコヨーテにかこまれたときと同じ感覚だった。

　さて、どうなるでしょうか。擬陰性を減らす能力は、必然的に擬陽性を増やすという副作用をもつことに、みなさんはお気づきでしょう。そう、これもトレードオフなのです。暗い山道、クマをこわがりながら歩いていると、そよ風が木の葉を揺らす音、カエルの鳴き声、遠くの雷鳴とか、なんでもクマのサインじゃないかと思っちゃいますよね。これは、擬陰性を減らそう、つまりほんとうにクマが出たら油断せずに対処できるよう気を張っていようという心理が、擬陽性、つまり存在しないクマにびびるということにつながっているのです。

この擬陽性こそが宗教の起源につながると、僕は考えています。恐ろしい野生動物や敵意をもった人間の存在。これを知覚することは人間にとってプラスですが、その副作用として擬陽性が生じ、巨木や川や岩石などの力強いものを擬人化するようになり、ついには宗教ができあがったのではないかという考え方です。

擬人化は、人間の想像力のすばらしさのひとつです。しかしこれは諸刃の剣。ときに副作用として、あるはずのないパターンを見つけてしまったりする。これが宗教の起源かもしれません。巨木や巨岩、山や川などの自然物に人格はないのですが、人はそれらの力強い存在を擬人化してしまいます。部族の長老など実在する偉い人に対しては、従順にふるまってご機嫌をとればよい反応が、逆らえば罰がもたらされます。相手が実在する人間の場合、これは正しい判断です。そこから派生した宗教では、実際には人格をもっていない自然に対してご機嫌をとったりします。力強くて気まぐれな自然。原始人の力と知能でコントロールするのは不可能です。そんなとき、自然を擬人化してご機嫌をとってみようという発想が生まれるのは不思議ではありませんね。このように進化とは、完全無欠なものをつくりだすわけではなく、いろんな副作用ももたらします。宗教もその副作用のひとつなのかもしれませんね。

生物進化と芸術

「すべての芸術はまったく役に立たない」と、19世紀の有名な作家、オスカー・ワイルドは言いました。これは芸術家サイドに立つ彼による自虐でもあり、開き直りでもあると思います。ワイルドは、芸術に実用性を求めないでくれ、それでも芸術には存在価値があると評価してくれ、なんてことを言いたかったのかもしれません。

しかし僕は高らかに、**「芸術は人間の役に立ってきた」**と宣言したいと思います。原始人が描いたラスコー洞窟の壁画を見ればわかるように、芸術性は古来、人間のもつ特徴でした。生々しく躍動する動物の絵を描くのは、その獲物を観察して、動きのメカニズムを理解し記憶することが求められます。これはたしかに狩猟に役立つことでした。獲物の絵を描くことは記録とコミュニケーションの意味もあったことでしょう。いつ・どこで・どんな獲物が得られるか。グループで情報を共有することや、子孫に伝えること。これらにも実用的な意味がありますね。

芸術は、人間がなにを美しいと思うかという心理的作用のうえに成り立っています。「美しい」というのは、とても原始的な感情だと思います。人間は狩りの獲物を美しいと感じ、おいしい果物を美しいと感じます。逆に人間は、腐乱死体をみにくいと感じます。このような美醜の基準は、人間の生存に役立ってきたことでしょう。食べられるもの・プラスになるものは美しい。近寄ると病気がうつるものなどは魅力的に感じられない。実にわかりやすいのです。自然淘汰は、こういう感情を僕らに与えることで人間の適応度を上げてきたのです。「なにを美しいと思うか」「なにをかわいいと思うか」「なにに感動するか」という人の気持ち自体が自然淘汰によってできていること。これを抜きに芸術論を語るのはむなしいことのように思います。第7章で考えた「人間ってなに?」みたいな哲学の問いが、生物学という科学にもとづかないと意味がないのと同様、芸術家も生物学にもとづいて考え方を変えていくべきだと思っています。

なぜ「性」は恥ずかしいんだろう?

人は性に興味があります。本能ですからね。しかし同時に、性的なことは恥ずかしいとも思っています。みんな性に興味があるのに、公衆の面前で性行為するなんてありえないですよね。それどころか、人前では話題にすることすらはばかられます。食べものが好きな僕たちがレストランでわいわい食事するのとは違います。一方、動物たちは、別に性行為を恥ずかしがっているようには見えません。このように、性に対する複雑な気持ちをもつことも、人間の興味深い特徴です。

ほかにも疑問があります。なぜヒトのメスは、基本的にいつでも性交可能なのでしょうか。動物にはふつう、**発情期**というものがあります。発情期とはつまり、メスの排卵期です。動物は、メスが妊娠可能なときだけ性的に活発になり、性交します。メスたちは、おしりを赤くしたりすることで自分が発情していることをアピールしますが、人間はむしろ、排卵期を隠すようになっています。人間は基本的にいつでも性交可能ですが、妊娠できるのは月のうち数日、排卵期のころだけです。そしてその排卵期のタイミングはオスにはわからないし、メス本人にもなかなかわからないようになっています。がんばって基礎体温を測れば排卵日がわかりますが、それはごく最近の発見です。原始人には排卵日を正確に知るすべはなかったことでしょう。

このように、性交は受精のためだけの行動だと考えると、人間のやっていることはとても効率がわるいのです。ほかの動物は、的確に発情期に交尾するだけでしっかり妊娠します。人間の進化は、わざと妊娠効率のわるい性交を発達させてきたといえます。それが自然淘汰で選ばれた意味とは？　もしも排卵日に効率よく性交するだけで済むのであれば、貴重な時間と体力を、食料の獲得などもっと有意義なことに使えるのに、なぜ？

読者のみなさん、推理してみてください。この本をここまで読み進んできたみなさんには、その力があるはずです。そう、わざと排卵日を隠し、受精可能でないときでも性交するようなこころとからだに生まれついているのも自然淘汰の結果であり、それが適応度を上げてきたからですよね。そうなると、受精可能でないときの性交になんらかの利益があるはずです。これに関してはいろんな仮説がありますが、そのうちのひとつは――。

女性の排卵期がオスにわかってしまえば、オスによる配偶者防衛（144ページ）は、その期間だけで済むことになります。排卵期以外はメスと一緒に暮らさずに、ほかのメスを追いかけていてもよいことになりますね。そうなると、オスが毎日家に帰ってこなくなる。食料を運んでくれなくなる。オスが食料をとってきてメスと子どもを養うという人間の社会では、排卵期を隠しておいて、いつでもオスがメスのそばにいるようにしておくのがよい。だからオスは、配偶者防衛のために毎日メスのそばにいなくてはならない。このようにメスのからだは「**オスに心配させる、やきもちを焼かせる**」ようになっているという考え方は、かなり説得力があるように思えます。

ほかの説明として、人間にとっての性交は繁殖のためだけでなく、コミュニケーションの意味ももつと考えることも可能です。性交は、パートナーとのきずなの構築のためにも存在するのかもしれません。さらに人間は、性的なことを隠すことで、お互いが特別であると示しているのかもしれません。それは秘密の共有みたいな連帯感を生むのかもしれません。人間のような特殊な育児をする種、ほかの異性をふくんだ集団で暮らす種にとって、性関係はいろいろ大事な意味をもっていると考えられます。

人間のかかえる葛藤

人間は、ひとりでは生きられません。幼児には母親が必要。その母子には、養ってくれる父親が必要。さらにはおばあさんや、グループのなかまもいてくれると助かります。ただしそこには、必然的に葛藤やあらそいが生まれます。たとえば思春期の若者は、配偶者の獲得のために同性間であらそいます。異性間でも、お互いをだましあったり、浮気をしたりという葛藤があります。

親子間にも葛藤があります。親としては、できるだけ早く子育てをおわらせて次の子を産むことが適応度の上昇につながります。そして、可能な場合はなるべく子どもたちを平等にあつかうことが、適応度の上昇につながります。逆に、ひとりの子だけをかわいがってほかの子を冷遇する（たとえば、ごはんをあげないような）親の適応度は低くなるでしょう。しかし、子どもの側としては、きょうだいはライバルです。エサを奪いあう鳥のヒナのように、子どもは親の愛情をひとりじめしようとします。そして、できることならいつまでも、親のスネをかじりたいと思うものです。

人間個人のもつ遺伝子は、受精した瞬間に決まっている

僕のもつ遺伝子は、将来僕になる受精卵が母のおなかのなかでつくられたときに決まりました。そしてその遺伝子は基本的に、一生のあいだ変わることはありません。僕がどんなにがんばって立派な人間になろうが、逆にどれだけ自堕落な生活をしようが、僕

のもつ遺伝子は変化しません。[10]ということは、男である僕の生産する精子に入っている遺伝子も、僕という個体が受精卵としてスタートした瞬間に、すでに決定されていたのです。[11]僕らは親として努力して子どもの世話をがんばったり、大人として立派な手本を見せたりして子どもの獲得形質を変えることはできますが、子どもに与える遺伝形質は変えようがないのです。

おもしろいのは、自分の子孫に渡す遺伝子は自分ではどうしようもない一方、自分の配偶者——遺伝子を半分ずつ出し合って子どもをつくる相方——は自分で選べること。ちまたの人生論なんかを聞いていると、よく「自分を変えるのはむずかしい。人を変えるのはもっとむずかしい」なんていいますよね。遺伝子の観点から話をすると、自分の

10　もう少し細かい話をすると、体細胞のＤＮＡはがんなどの病気で変化することはありますが、生殖細胞のＤＮＡは、基本的に一生変わりません。

11　ちなみに、人間は2倍体といって、同じ役割を果たす遺伝子を2個ずつもっています。たとえば、「血液型を決める」という役割を果たす遺伝子を2個もっています。AB型の人は、A型とB型の遺伝子を1個ずつもっています。この人がつくる生殖細胞（精子や卵）には、どちらか1個の遺伝子がランダムに選ばれて入ることになります。ですから、AB型に生まれついた人は、どんなにがんばってもO型の生殖細胞をつくることはできません。

遺伝子を変えるのはむずかしいどころか、できるわけのないことなんです。そしてもちろん、だれかの遺伝子を変えることもできませんよね。もしも自分の結婚相手にいろいろ文句を言ったりしてその人の振る舞いや性格・考えを変えることができたとしても、それは獲得形質ですから、遺伝子は変わっていません。

僕たちは結婚したあとで相手の遺伝子を変えることはできませんが、その前に、だれと結婚するかを選ぶことはできます。結婚相手を選ぶ段階ならば、**お互いの遺伝子を半分ずつ出し合って子どもをつくる相手**、つまり配偶者を自分の基準で選ぶことができます。これはたいへん貴重な機会です。配偶者を選ぶということは、その好ましい性質をかたちづくっている遺伝子を選んでいるともいえます（もちろん無意識にですが）。

だから僕たち人間は、というか多くの動物たちも、よい配偶者をゲットすることに情熱を燃やし、求愛行動が僕たちの生活のかなり大きな部分を占めることになったんでしょうね。第6章に出てきたアオアズマヤドリのオスは、繁殖期になるとメスの気をひくための「あずまや」の整備のためにものすごい労力をかけます。クジャクや red-collared widowbird のオスは、身の安全や健康まで犠牲にしてメスにモテようとします。同様に人間も、特に思春期・青年期には異性にモテるために必死になります。女性は着飾ったり、男性はかっこいい車を無理して買ったりします。彼らに「モテるために必死だね」なんて言うと、「いや、これは自分の好みを満足させるためにやっていることで、モテるためじゃない！」と反論されるかもしれません。しかし考えてみてください。異性にモテそうなモノやコトを自然に好むようになっているのも、自然淘汰がかたちづくった適応度を上げるための心理なのです。

自然淘汰——運と実力の関係

自然淘汰は、公平なくじ引きではありません。基本的に実力のあるものが勝つという適者生存の法則なので、**生き残るチャンスは平等ではありません**。かといって、自然淘汰の結果には「実力」が完璧に反映されているわけでもありません。早い話が、「運」の要素も入っているのです。それはスポーツの試合に似ていて、実力の高い者が常に勝つわけではなく、ランダムな要素の影響もあります。ときに弱小チームが強豪を破ることもあるからスポーツはおもしろい。そして僕らの人生がおもしろいのも、この運と実力の絶妙なミックスのせいかもしれませんね。

しかしやはり、野球のペナントレースみたいに100回以上も試合をすると、おのずと実力の高いものが勝ち残ってくる。これは**統計学**でも証明できる現象です。コインを4回投げたら4回とも表が出ることもわりとよくありますが、4万回投げたら、表が出る回数は2万回に収束していきます。4万回すべて表が出ることはあり得ないのです。

正常なコインの表と裏が出る確率は50：50だけど、もし、55：45となるような、少しゆがんだコインを投げたらどうなるでしょう。2、3回投げただけでは、それがゆがんだコインだとはわからず、正常なコインとの見分けはつきません。しかし、何百回も投げていると、どうも表がたくさん出るらしい、ということがわかってきます。同様に、何度も何度も自然淘汰という「試合」を積み重ねれば、運の要素は次第に打ち消され、実力が表に出てくるのです。

ただしこれは、生物種の全体を長期的な視点（マクロな視点）で見たときの話です。自分という1個体に、今日という一瞬にどんなことが生じるかには、運の要素がすごく強くかかわるのです。だから、ダメな自分にも運命のチャンスは訪れます。実力がないからとあきらめて萎縮するのではなく、常にチャンスを狙っているような、積極的な姿勢をもつのはいいことだと思います。「まぐれ」はしばしば生じるのですから。

コラム　期待値とばらつき

宝くじを例として、少し統計学の考え方を学んでみましょう。日本では、宝くじの払い戻し率（当選金の総額と、発売額の総額との比率）は、50％を超えてはならないと決まっているらしいのです（ここでは簡単にするために、払い戻し率はぴったり50％だと仮定して話を進めます）。それでは、ひとつの思考実験をしてみます。あるお金持ちが、発売された宝くじを一枚残らず買い占めたとしたらどうなるでしょう？　その人は、投資額の50％を当選金として回収することが確定しています。ここで「投資額の50％」というのは、将来この人が宝くじを換金するときに手にする額のことです。このように、客観的に見込める値のことを、**期待値**といいます。[12] この人はすべてのくじを買い占めたので、回収できる金額はただひとつに確定しています。だから統計学では、その金額の「**ばらつきはゼロ**」と表現します。

12　ちなみに、サイコロを一回振ったときの期待値はいくらでしょうか？　すべての目の平均なので（1＋2＋3＋4＋5＋6）÷6となり、３．５ですね。

では、僕がその宝くじを一枚だけ買ったとしたらどうなるでしょうか。当選金はゼロ円、つまり「からくじ」かもしれないし、1等の3億円かもしれない。2等かもしれない。3等かも？　さまざまな可能性が考えられますね。でも、すべての可能性を考えて計算したら、結局僕の期待値は、投資額の50％になるのです。さっきのお金持ちの投資でも、僕のささやかな投資でも、期待値はどちらも、投資額の50％です。

異なるのは、「ばらつき」です。お金持ちの例のばらつきはゼロですが、僕の例では、ばらつきが大きくなりますね。僕の未来には、極端にいえば3億円かゼロ円かという、人生を激変させる答えが待っているからです。一方、お金持ちのばらつきはゼロですから、僕のようなドキドキは感じませんね。というか、ぜったい半分を失うことがわかりきっている投資なんて、そもそも始めない！

ばらつきが大きいから、人は宝くじを買うのです。もしばらつきがゼロならば、投資額の半分を捨てているのと同じだから、だれも買わないでしょうね。僕が宝くじを買うとしたら、もっとも合理的な選択は買わないことです。期待値が50％ということは、損する可能性のほうが大きいのですから。でも、どうしても買わなくちゃならないとしたら、1枚だけ買うでしょう。これ以上多く買うのは戦略として不利です。たくさん買えば買うほどばらつきが小さくなり、損をするのがどんどん確定的になるからです。

この章のおわりに

複雑なこころをもっているのが人間の特徴です。人間は自分をだますこともできます。自分の信じたいことを信じることができ、都合のわるいことを考えないようにすることもできます。こういう「**こころの複雑さと自由さ**」こそが人間の特徴で、それが人類をここまで発展させてきたのかもしれません。

ただしそれは、個々の人間の生き方を複雑化して、いろんな悲喜こもごもを生むという副作用ももっています。人間ってとても賢いけれど、でも失敗したり苦悩や葛藤を抱えていたりして、そのアンバランスさが愛おしいな、なんて思ったりします。よく考えると、小説や映画や音楽などの主題って、人間のこころが生む葛藤をあつかっているものがすごく多いですよね。僕らはそれらに自分自身を投影して、感情移入して感動したりしているのかもしれません。人間のこころって、とてもおもしろい。

あとがき——読者へのメッセージ

人生とは、一度きりのトランプゲームみたいなものです。シャッフルでどのカードが来たかによって、僕たちの一生は運命づけられます。バランスよくカードをゲットすることはむしろまれで、往々にしてバランスのわるい、イビツな手札でたたかうことになります。人生には、もがいて努力してどうにかなる部分と、どうにもならない部分とがあります。僕らはランダムに配分されたカードにしたがって人生をたたかい、よい結果を残したものが遺伝子を次世代に伝える。これが、ダーウィンの構築した生物進化の理論の意味するところです。

そしてドーキンスは、人間もふくめたすべての生物は、遺伝子の乗り物であることを明確にしました。遺伝子は、人間を駒のようにあつかい、個体にさまざまな特徴をランダムに与えていきます。僕ら生身の人間にとっての一度きりの人生は、実は遺伝子が適応度を上げるためにしている試行錯誤のひとつにすぎないのです。

僕らの悲喜こもごもの原因は、生物進化なのかもしれません。こういうことをわざわざ言わなくてもいいのかもしれませんが、僕としては、人間は自分たちがかかえる冷酷な宿命をちゃんと知ったうえで、ベストを尽くして生きていくのがいいんじゃないかって思っています。ゲーム開始のときにどんなカードが配られたかにせよ、僕たちは手持ちのカードを使いながら生きていくしかない。この事実を知ったうえで、あきらめずにたたかうしかないのです。

人間の遺伝子を擬人化してみましょう。彼らは人間の頭脳を発達させることで、自分たちが繁栄するように導いてきたつもりです。それは一面では真実で、人間のたぐいまれな知能は、農耕や牧畜を生み出し、さらには産業革命を達成し、人類はかつてないほどの繁栄を誇っています。しかし人間のその知能は生物学を発展させ、本来表に出ない黒幕である遺伝子という存在を暴きだすにいたりました。遺伝子はこれまで、快感や恐怖という感情によって人間をコントロールしてきましたが、人間の知能が発達しすぎた結果、遺伝子の望む方向と人間の進む方向にずれが生じてきました。たとえば、賢い魚が釣り針についたエサだけを食べていくように、人間は避妊によって、性の快感と遺伝子の繁栄を切り離すことに成功しました。

これから人間はどこに向かっていくのでしょう。それは科学者にもわかりません。そして遺伝子にもわかりません。人間のゲノムのはたらきが完全に解明されたとしても、未来の自然淘汰をつかさどるのは未来の環境ですから、未来の人間のことを完全に予測するなんて不可能なのです。遺伝子は「盲目の時計職人」です。原始時代に人間の脳を発達させたのは遺伝子の繁栄につながりましたが、それが数十万年後にこんな世界を生み出すことになっただなんて、遺伝子にも予測は不可能でした。

この本では、生物や人間についての、かなしくもおもしろい宿命の話をしましたが、そこから得られる生き方の結論みたいなものはありません。だれにでもわかりやすい答えなんてものは、科学には用意できないのです。読者のみなさんひとりひとりが、自分のもっているカードを見つめ、自分の置かれている環境を見つめ、自分の戦略を決めて人生を切り開いていくしかないのです。

むかし、中国の秦の時代、李斯《りし》という人がこういうことを言いました。「たまたま米蔵に住むことになったネズミは、食べものがたっぷりあるし、安全であたたかい住居があるし、とてもよい暮らしができている。しかし、たまたま便所に住むことになったネズミは、臭くて湿っていて食べものも少なくて、人間に常におびえている。この2匹のネズミは、別に能力に差があったわけではない。状況の違いがあるのは、たまたまなのだ」(司馬遷『史記』の「李斯列伝」を筆者が意訳したもの)。この話の主人公はネズミですが、李斯が人間のことを語っているは明白です。
そう、生物の適応度を決めるのは環境です。人間も、自分の生きる環境によって幸せになったり不幸になったりします。いま、僕らはどういう環境で生きているでしょうか。しっかり見つめ、考えてみましょう。環境には、家族や友だち、職場、暮らす街、地球環境など、いろんなものがあります。変えられるものは変えてみてはどうでしょう？イビツな自分がこころ豊かに暮らせる環境が、どこかにあるかもしれません。僕が最後に言えることはこのくらいです。生物進化がわかると、自然や人間や自分自身を見る目が変わります。この本をきっかけとして、みなさんにとって生物進化が身近なものになるのを願ってやみません。

２０１６年11月　伊勢　武史

参考文献

リチャード・ドーキンス（著）日高敏隆（監）『盲目の時計職人』早川書房、２００４年
リチャード・ドーキンス（著）日高敏隆・岸由二・羽田節子・垂水雄二（訳）『利己的な遺伝子』紀伊國屋書店、２００６年
リチャード・ドーキンス（著）吉成真由美（編・訳）『進化とは何か』早川書房、２０１４年
リチャード・ドーキンス（著）垂水雄二（訳）『悪魔に仕える牧師』早川書房、２００４年
リチャード・ドーキンス（著）福岡伸一（訳）『虹の解体』早川書房、２００１年
ヘレナ・クローニン（著）長谷川真理子（訳）『性選択と利他行動』工作舎、１９９４年
ティム・バークヘッド（著）小田亮・松本晶子（訳）『乱交の生物学 ―― 精子競争と性的葛藤の進化史』新思索社、２００３年
ジャレド・ダイヤモンド（著）長谷川真理子（訳）『人間はどこまでチンパンジーか？』新曜社、１９９３年
シャロン モアレム（著）実川元子（訳）『人はなぜＳＥＸをするのか？ ―― 進化のための遺伝子の最新研究』アスペクト、２０１０年
ダニエル・デネット（著）山口泰司（監訳）『ダーウィンの危険な思想 ―― 生命の意味と進化』青土社、２００１年
伊勢武史『学んでみると生態学はおもしろい』ベレ出版、２０１３年
伊勢武史『「地球システム」を科学する』ベレ出版、２０１３年
長谷川眞理子『進化とは何だろうか』岩波ジュニア新書、１９９９年
長谷川眞理子『生き物をめぐる４つの「なぜ」』集英社新書、２００２年

野家啓一『科学哲学への招待』ちくま学芸文庫、２０１５年
末木文美士『日本仏教史——思想史としてのアプローチ』新潮文庫、１９９６年

Andersson 1982, Female choice selects for extreme tail length in a widowbird, *Nature* 299:18–820.

Bleske-Rechek *et al.* 2012, Benefit or burden? Attraction in cross-sex friendship, *Journal of Social and Personal Relationships* 29:569-596.

Crabtree 2012, Our fragile intellect. Part I, Trends in Genetics DOI: 10.1016/j.tig.2012.10.002.

Crabtree 2012, Our fragile intellect. Part II, Trends in Genetics DOI: 10.1016/j.tig.2012.10.003.

Flinn *et al.* 2012, Hormonal mechanisms for regulation of aggression in human coalitions, *Human Nature* 23:68-88.

Franklin and Mansuy 2010, Epigenetic inheritance in mammals: evidence for the impact of adverse environmental effects, *Neurobiology of Disease* 39:61–65.

Gettler *et al.* 2011, Longitudinal evidence that fatherhood decreases testosterone in human males, *Proceedings of the National Academy of Sciences* 108:16194-99.

Heijmans *et al.* 2008, Persistent epigenetic differences associated with prenatal exposure to famine in humans, *Proceedings of the National Academy of Sciences* 105:17046–49.

Pryke and Andersson 2005, Experimental evidence for female choice and energetic costs of male tail elongation in red-collared widowbirds, *Biological Journal of the Linnean Society* 86:35-43.

Smith 1988, Extra-pair copulations in black-capped chickadees: the role of the female, *Behaviour* 107:15-23.

Zerjal *et al.* 2003, The genetic legacy of the Mongols, *American Journal of Human Genetics* 72:717-721.

著者略歴

伊勢 武史（いせ たけし）

1972年生まれ。

京都大学フィールド科学教育研究センター 准教授。

ハーバード大学大学院 進化・個体生物学部修了（Ph. D.）。

独立行政法人 海洋研究開発機構（JAMSTEC）特任研究員、兵庫県立大学大学院シミュレーション学研究科 准教授を経て、2014年より現職。

著書に“Forest Canopies”（共著、NOVA）、“Climate Change and Variability”（共著、SCIYO）、『学んでみると生態学はおもしろい』『「地球システム」を科学する』（ベレ出版）、『地球環境変動の生態学』（共著、共立出版）がある。

生物進化《せいぶつしんか》とはなにか？

2016年12月25日　初版発行

著者	伊勢《いせ》 武史《たけし》
DTP	WAVE 清水 康広
校正	曽根 信寿
カバーデザイン	図工ファイブ 末吉 亮
カバーイラスト	ミロコマチコ
発行者	内田 真介
発行・発売	ベレ出版 〒162-0832　東京都新宿区岩戸町12 レベッカビル TEL.03-5225-4790 FAX.03-5225-4795 ホームページ　http://www.beret.co.jp/
印刷	モリモト印刷株式会社
製本	根本製本株式会社

ISBN 978-4-86064-493-2 C0045　　編集担当　永瀬 敏章

学んでみると 生態学はおもしろい

伊勢武史 著

四六並製／本体価格 1500 円（税別）■ 248 頁

ISBN978-4-86064-343-0 C0045

「21 世紀は環境の世紀」です。世の中はエコ、エコ、エコって言っていますが、あなたのその「エコ」、本当にあっていますか？　環境を考える上で役に立つ知識が生態学（エコロジー）です。本書は、サイエンスとしての生態学の基本的な理論を丁寧に解説し、環境を科学的・客観的にとらえる考え方を身につけられます。これからの時代を生きる人の必修科目である生態学をイチから学びましょう。これが本当のエコロジーです！

「地球システム」を科学する

伊勢武史 著

四六並製／本体価格 1700 円（税別）■ 264 頁

ISBN978-4-86064-376-8 C0044

地球を構成する水圏や大気圏、地圏、生物圏。これらは、それぞれ別々の学問で研究されてきましたが、これらをひとつのシステムとして考える、地球システム科学が最近注目されています。地球をひとつのシステムと考えると、地球温暖化やスノーボールアースといった気候変動や、生命の誕生・進化や地球外生命体といった生物学の謎をひも解くヒントが見えてきます！　学問の壁を取り払い、新しい視点で地球を見てみましょう。

系統樹をさかのぼって 見えてくる進化の歴史

長谷川政美 著

B5 変形／本体価格 2600 円（税別）■ 192 頁

ISBN978-4-86064-410-9 C0045

この十数年で急速に明らかになってきている、生命がたどってきた進化の歴史。地球上にいるあらゆる生物は、ひとつの共通祖先から進化して、300 万種以上に分かれたと考えられています。ヒトにいちばん近いチンパンジーはもちろん、カエル、クラゲ、キノコ、そして高い山に人知れず咲くシャクナゲも、ヒトとの共通祖先から分かれてそれぞれ進化してきたのです。本書は、系統樹を用いてヒトの祖先を 15 億年さかのぼり、進化や種分化の歴史、生物の多様性などを“体験”する科学ビジュアル読み物です。

学んでみると遺伝学はおもしろい

針原伸二 著

四六並製／本体価格 1500 円（税別） ■ 224 頁

ISBN978-4-86064-388-1 C0045

親と子が似ている、犬が産むのは犬の子どもで猫ではない、というのはあたりまえのように思われていますが、なぜそうなるのでしょうか。今でこそ、DNAという言葉がふつうに使われていて、「同じDNAを持つから」ということで理解されていますが、そのDNAはどのように親子の間で伝えられていくのでしょうか。本書では、遺伝の法則、DNAとは何かなど、そのメカニズムはもちろん、“なぜ男と女に分かれているのか” “遺伝子と病気の関係” や “DNA鑑定” などについてもやさしく丁寧に解説していきます。

個性は遺伝子で決まるのか

小出剛 著

四六並製／本体価格 1500 円（税別） ■ 192 頁

ISBN978-4-86064-457-4 C0045

自分の性格をなおしたいと思ったことはありませんか。この性格は親から受け継いだので仕方がないと思っている人もいるかもしれません。世の中には、さまざまな個性をもった人たちがいますが、個性を生み出すのは遺伝子の仕業なのでしょうか。双子や精神病患者の研究、マウスを用いた研究など、「生まれか育ちか（遺伝か環境か）」を調べてきた歴史を振り返り、最先端の話題をまじえながら、個性と遺伝の関係について考えていきます。

となりの野生動物

高槻成紀 著

四六並製／本体価格 1700 円（税別） ■ 256 頁

ISBN978-4-86064-453-6 C0045

東京 23 区にも生息するタヌキ、すみかを追われたウサギやカヤネズミ、人が持ち込んだアライグマ、人里に出没したり、田畑に被害を与えたりするクマやサル、シカ。野生動物は、私たち人間にとって身近な「隣人」です。私たちはその隣人のことをどこまで知っているでしょうか。野生動物の生態から人間との関係性まで、「動物目線」で野生動物を見続けてきた著者が伝える。野生動物について考えるキッカケになる一冊。